Kurzschlußströme in Drehstromnetzen

Berechnung und Begrenzung

von

Dr.-Ing. Michael Walter

Dritte, unveränderte Auflage

Mit 124 Abbildungen

München und Berlin 1944

Verlag von R. Oldenbourg

Copr. 1935 R. Oldenbourg, München und Berlin

Photomechanische Ubertragung (Manuldruck) 1944
der Firma F. Ullmann G. m. b. H., Zwickau/Sa.

Printed in Germany

Vorwort zur ersten Auflage.

Im vorliegenden Buch werden die wesentlichsten Fragen, die bei Kurzschlüssen in Drehstromnetzen auftreten, zusammenhängend besprochen. Im einzelnen werden behandelt: die verschiedenen Kurzschlußarten, die Teil- und Gesamtwiderstände der Kurzschlußbahnen, die Größe der Kurzschlußströme sowie insbesondere deren Wirkung und Begrenzung. Schließlich wird auch das Ausschaltvermögen von Schaltern und Sicherungen, ferner die Berechnung der Kurzschlußausschaltleistung an beliebigen Netzstellen erörtert. Ausführliche Zahlenbeispiele sind an vielen Stellen des Buches zur Erhöhung der Anschaulichkeit eingestreut.

Einteilung und Behandlung des Stoffes entsprechen vorwiegend den Bedürfnissen des praktisch tätigen Ingenieurs und des Studierenden. Bei der Abfassung wurde bewußt darauf verzichtet, allzusehr auf Einzelheiten einzugehen und die Ableitung der Formeln zu bringen. Vielmehr wurde darauf Wert gelegt, nur das Wesentlichste in den Vordergrund zu stellen, und zwar in einer Art, wie man es in der Praxis braucht und wünscht, d. h. einfach und physikalisch anschaulich.

Der Verfasser hat sich in dem vorliegenden Buch weniger die Aufgabe gestellt, neue Probleme aufzuwerfen oder zu lösen, als vielmehr den im Schrifttum zerstreuten Stoff zusammenzufassen, systematisch zu ordnen und so dem Leser die Einführung in das Gebiet der Berechnung und Beherrschung der Kurzschlußströme zu erleichtern.

Für diejenigen Ingenieure, die in das Fragengebiet tiefer eindringen wollen und über die nötige Zeit verfügen, sind reichlich Literaturhinweise gegeben.

Berlin-Niederschönhausen, Juli 1935.

M. Walter.

Vorwort zur zweiten Auflage.

Die zweite Auflage des vorliegenden Buches weist gegenüber der ersten Auflage verschiedene Verbesserungen und wesentliche Erweiterungen auf. Anlaß zu diesen Änderungen gab in der Hauptsache das Erscheinen der VDE-Regeln REH 1937, durch die eine Reihe neuer Begriffe eingeführt und ein einfaches Verfahren zur Berechnung der für die Auswahl von Schaltgeräten maßgebenden Kurzschlußströme empfohlen wird. Gleichzeitig ließen sich auch einige berechtigte Wünsche aus dem Leserkreise berücksichtigen.

Das Rechenverfahren nach den REH 1929 zur Ermittlung der Dauerkurzschlußströme konnte beibehalten werden. Die Berechnung der Stoßkurzschlußströme mußte dagegen in Anlehnung an die REH 1937 verbessert und erweitert werden. Besondere Beachtung fand darüber hinaus der Stoßkurzschluß-Wechselstrom, der für die Errechnung der Ausschaltströme als Grundgröße gebraucht wird. In diesem Zusammenhang mußte auch das Kapitel über das Schaltvermögen von Schaltern und Sicherungen gänzlich überarbeitet werden.

Außerdem wurden praktische Unterlagen zur Feststellung der im Betrieb auftretenden Spannungsabfälle an Kurzschluß-Drosselspulen und Angaben zur Bestimmung der Zerreißfestigkeit von Cu- und Al-Schienen an den entsprechenden Stellen in das Buch eingefügt.

Schließlich hat das Kapitel über die Berechnung der Kurzschlußströme in vermaschten und mehrfach gespeisten Netzen eine wesentliche Erweiterung erfahren und überdies ein Zahlenbeispiel aus der Praxis erhalten.

Berlin-Niederschönhausen, Oktober 1937.

M. Walter.

Inhaltsverzeichnis.

A. Kurzschlußgefahren und Notwendigkeit der Kurzschlußstromberechnung.

Kurzschlüsse entstehen in elektrischen Netzen dadurch, daß die Isolation zwischen den Phasenleitern[1]) überbrückt bzw. durchbrochen wird. Anlaß zu diesen Störungen geben gewöhnlich Überspannungen, Blitzeinschläge, Rauhreif, Sturm, Äste, Vögel, Ratten, falsche Schalthandlungen, Anhacken der Kabel usw.

Das Kurzschließen zweier oder dreier Leiter kann entweder in Form einer metallischen Berührung oder in Form eines Lichtbogens zustande

Abb. 1. Kurzschlußwirkungen an einem Kabelendverschluß.

kommen. Dementsprechend unterscheidet man in der Ausdrucksweise der Praxis die Benennungen: satter Kurzschluß (mitunter auch metallischer Kurzschluß genannt) und Lichtbogenkurzschluß. Beim satten Kurzschluß wird ein Verschweißen der Leiter nicht unbedingt vorausgesetzt. Diese Erscheinung tritt in der Praxis ja auch selten ein. Als satte Kurzschlüsse gelten vielmehr alle Kurzschlüsse mit geringer Spannung zwischen den Elektroden (bis etwa 500 V). Kenn-

---

[1]) In starr- oder halbstarrgeerdeten Netzen auch zwischen einem Phasenleiter und Erde.

zeichnend für uen Lichtbogenkurzschluß hingegen ist der frei brennende Lichtbogen (vgl. Abb. 33 u. 34).

Kurzschlüsse können in elektrischen Anlagen sehr schwere Störungen hervorrufen. Ihre Wirkungen sind um so gefährlicher, je größer der Maschineneinsatz in den auf den Kurzschluß speisenden Kraftwerken ist und je stärker die Netze vermascht sind, und schließlich je länger die Kurzschlußdauer ist. Die Auswirkungen der Kurzschlüsse, die mechanischer und thermischer Natur sind, führen mitunter den Zusammenbruch des ganzen Betriebes für längere Zeit (mehrere Stunden oder Tage) herbei.

Abb. 2. Durch die dynamische Wirkung des Kurzschlußstromes zerstörter Topfstromwandler. (Ölkessel ist fortgenommen.)

Die mechanischen Wirkungen entstehen im wesentlichen durch die Stoßkurzschlußströme. Diese können zwischen den stromführenden Leitern der Anlageteile, wie: Sammelschienen, Kabelendverschlüsse, Stromwandler, Transformatoren usw. sehr hohe Kräfte durch Anziehung oder Abstoßung hervorrufen und die Anlageteile dadurch zerstören (Abb. 1 und 2). Falsch konstruierte oder unsachgemäß eingebaute Trennschalter können durch sehr hohe Stoßkurzschlußströme zuweilen auch aufgerissen werden (Abb. 2a).

Die thermischen Wirkungen werden ebenfalls durch die Stoßkurzschlußströme, in der Hauptsache jedoch durch die Dauerkurzschlußströme verursacht. Dauerkurzschlußströme sind wärmemäßig meist gefährlicher als Stoßkurzschlußströme, weil sie auf die Anlageteile wesentlich länger einwirken. Die üblichen Folgen einer thermischen Überbeanspruchung durch Kurzschlußströme sind: Das Verbrennen der Leiterisolation bei Stromwandlern, Transformatoren und Maschinen, das Ausglühen blanker Leiter und Kabel, das Spritzfeuer an schlecht angezogenen Leitungsklemmen und sonstigen Kontaktstellen u. a. m. Mitunter entstehen auch Ölbrände, die ein Verrußen und unter Umständen sogar ein Ausbrennen der Schaltanlagen zur Folge haben. Ferner können Ölschalterexplosionen entstehen, durch die manchmal ganze Schalthäuser auf- bzw. auseinandergerissen werden (Abb. 3 und 4). Derartige Explosionen stellen demnach eine Gefahr für Betriebsmannschaft und Gesamtbetrieb dar.

Beim Neubau großer Kraftwerke sowie bei Erweiterungen oder beim Zusammenschluß bereits bestehender Werke, ferner bei übermäßig vermaschten Netzen (vgl. z. B. Abb. 89) ist es stets geraten, die Kurzschlußströme an besonders gefährdeten Netzstellen vorher rechnerisch zu überprüfen und erforderlichenfalls Strombegrenzungsmaßnahmen zu treffen. Nur dadurch erspart man sich die unliebsamen Störungen, auf die bereits hingewiesen wurde. In Kabel- und Freileitungsnetzen mit großer Kurzschlußleistung, insbesondere in solchen Netzen mit niedriger Betriebsspannung (unter 30 kV) und dementsprechend hoher Kurzschlußstromstärke muß man daher die einzelnen Anlageteile grundsätzlich nach der Kurzschlußleistung bzw. nach dem Kurzschlußstrom bemessen. Eine Auslegung der Anlageteile nach ihrer normalen Durchgangsleistung wäre abwegig. Nur in solchen Netzen, in denen die Kurzschlußströme

Abb. 2a. Kurzschlußwirkungen an einem Satz einpol. Trennschalter. Durch den an einer anderen Stelle des gleichen Leitungsstranges aufgetretenen Kurzschluß wurden diese Trennschalter unter dem Einfluß der dynamischen Wirkung des Stoßstromes aufgerissen. Es entstand somit ein neuer Kurzschlußherd.

stets klein bleiben, weil entweder die Kraftwerksleistung gering ist oder weil zwischen den Kraftwerken einerseits und einem beliebigen Netzpunkt andererseits große Scheinwiderstände liegen, kann man von der normalen Durchgangsleistung ausgehen.

Kurzschlußströme bzw. Kurzschlußleistungen lassen sich im wesentlichen durch Einbau von Strombegrenzungsdrosselspulen und selbsttätigen Stromreglern, durch Unterteilung der Sammelschienen bzw. durch zweckmäßige Auflockerung der Netzvermaschung[1] auf ein erträgliches

---

[1] Es soll hier keineswegs der Eindruck erweckt werden, daß der Verfasser grundsätzlich gegen jede Vermaschung der Netze wäre. Im Gegenteil, zweckmäßig durchgeführte Netzvermaschungen bieten seiner Ansicht nach oft sogar

Maß herabdrücken. Kurzschlußdrosselspulen, unterteilte Sammelschienen und insbesondere eine aufgelockerte Netzvermaschung bewirken
außerdem, daß die Spannung im größten Teil des Netzes bei Kurzschluß
nicht allzu stark zusammenbricht und beeinflussen damit im günstigen
Sinne die Netzstabilität hinsichtlich der Pendelerscheinungen, d. h.
sie erschweren wesentlich das Außertrittfallen der Generatoren, Ein-

Abb. 3. Folgen der Explosion eines Ölschalters.

ankerumformer, Motoren usw. Hierüber wird im Kapitel F unter 6
noch ausführlicher berichtet. Die Schutzrelais dagegen begrenzen
die Auswirkungen der Kurzschlußströme nur zeitlich.

---

sehr große Vorteile. Diese bringen z. B. stets eine Verminderung der Spannungsabfälle im Normalbetrieb und mithin der Leitungsverluste, eine Herabsetzung der
Überspannungsgefahr dadurch, daß sich die Wanderwellen in den einzelnen Lei-
tungsringen leicht totlaufen können, eine gleichmäßige Belastung der Leitungsstränge und damit bessere Ausnützung der Leiterquerschnitte, eine erleichterte
Betriebsführung bei Benutzung von Distanzschutzeinrichtungen usw.

Nachts und an Sonntagen arbeiten in den Kraftwerken vieler Netze aus wirtschaftlichen Gründen nur kleine Maschineneinheiten (Schwachlastbetrieb). Die Kurzschlußströme können dadurch während dieser Zeit unter Umständen kleiner werden als die Lastströme bei Vollastbetrieb. Die Ermittlung dieser minimalen Kurzschlußströme ist im besonderen für die Planung von Selektivschutzeinrichtungen erforder-

Abb. 4. Wirkungen der Explosion eines 30 kV-Ölschalters.

lich. In solchen Netzen dürfen nämlich die Schutzrelais nicht mit Überstrom-, sondern nur mit Unterimpedanz- oder Unterspannungsanregegliedern ausgerüstet sein. Andernfalls würde bei Kurzschluß die Anregung der Schutzrelais versagen und mithin die Auslösung der Netzschalter bis auf die Generatorenschalter ausbleiben[1]). Kurzschlußstrom-

---

[1]) Ausführlich s. in M. Walter, Der Selektivschutz nach dem Widerstandsprinzip, Verlag R. Oldenbourg, München 1933, S. 14...27.

berechnungen haben sich also in vielen Fällen nicht nur auf die Ermittlung der maximalen Kurzschlußströme bei Vollastbetrieb zu erstrecken, sondern auch auf die Ermittlung der minimalen Kurzschlußströme bei Schwachlastbetrieb.

Die Berechnung der Kurzschlußströme wird in elektrischen Netzen somit im wesentlichen für folgende Zwecke benötigt:

1. Für die Ermittlung der dynamischen und thermischen Beanspruchung der Anlageteile,
2. für die Wahl der Anregeglieder und mitunter auch für die Auslegung der Meßglieder von Selektivschutzeinrichtungen,
3. für die Ermittlung des erforderlichen Kurzschluß-Schaltvermögens von Leistungsschaltern, Leistungstrennschaltern und Sicherungen,
4. für die Bemessung der Kurzschlußdrosselspulen.

Netzanlagen, die auf Grund sorgfältig durchgeführter Kurzschlußstromberechnungen geplant und mit geeigneten Schutzmitteln versehen sind, gewährleisten einen Betrieb mit hohem Sicherheitsgrad und bieten mithin auch wirtschaftliche Vorteile. Die Kurzschlußströme verlieren dadurch ihre Gefährlichkeit, denn die von ihnen durchflossenen Anlageteile halten den dynamischen und thermischen Beanspruchungen stand; die Zerstörungen bleiben klein und auf den Kurzschlußherd beschränkt. Die Stromausfälle, die durch Kurzschlüsse verursacht werden, halten sich in mäßigen Grenzen, und dementsprechend wird auch die Verärgerung der Stromabnehmer zurückgehen.

Bezüglich der Störungshäufigkeit durch Kurz- und Erdschlüsse in elektrischen Netzen ist folgendes zu bemerken:

In Netzen mit hochisoliertem Sternpunkt, also in Hochspannungsnetzen, wie sie in Mitteleuropa vorherrschen, kommen auf 100 Störungen etwa 20...10 Kurzschlüsse und 80...90 Erdschlüsse bzw. Wischer. Diese Aussage gilt vornehmlich für Netze mit Erdschluß-Kompensationseinrichtungen (Petersen-Spulen, Bauch-Löschtransformatoren u. dgl.), die das Übergehen der Erdschlüsse in Kurzschlüsse wirksam verhindern. In Netzen mit starr- oder halbstarrgeerdetem Systemnullpunkt (amerikanische Praxis) führt jede Erdberührung eines spannungführenden Anlageteils unmittelbar zu einem einpoligen Kurzschluß. Die Kurzschluß-Störhäufigkeit ist dadurch um ein Vielfaches größer als in Netzen mit hochisoliertem Sternpunkt[1]).

---

[1]) Ausführlicher hierüber s. in M. Walter, Grundsätzliche Betrachtungen über den Netzschutz, Elektr.-Wirtschaft 1937, S. 415.

B. Fehlerarten in Drehstromnetzen.

1. Allgemeine Grundlagen.

Als Einführung in die Betrachtung der Fehlerarten in Drehstrom-netzen soll zunächst ein Kurzschluß in einem Einphasenwechsel-stromkreis kurz behandelt werden. In Abb. 5 speist der Generator G über eine kurze Speiseleitung den Motor M. Vor dem Motor möge an der Stelle K aus irgendeinem Grunde ein satter Kurzschluß zwischen den beiden Leitern entstehen. Hierdurch wird der vom Motor gebildete

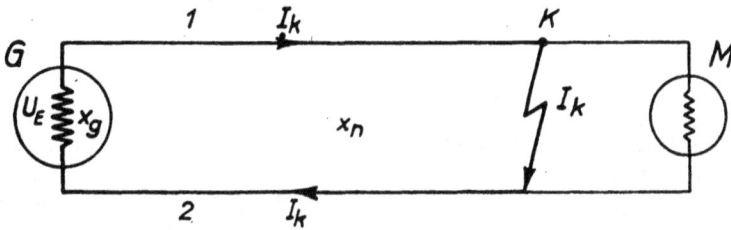

Abb. 5.   Kurzschluß in einem Einphasen-Wechselstromkreis.

Widerstand kurzgeschlossen, und die im Generator induzierte Spannung U_E (unter U_E ist hier die EMK E zu verstehen) treibt nunmehr den Strom durch den Leiterkreis: Ständerwicklung — Leiter 1 — Fehler-stelle — Leiter 2. Die Größe dieses Kurzschlußstromes I_k ist gegeben durch die Grundbeziehung

$$I_k = \frac{U_E}{x_g + x_n} = \frac{U_E}{x}, \quad \ldots \ldots \ldots \quad (1)$$

in der x_g den Gesamtblindwiderstand des Generators einschließlich des Ankerrückwirkungsblindwiderstandes x_a, x_n den Blindwiderstand der Schleife: Leiter-Leiter und x den Gesamtblindwiderstand des Kurz-schlußstromkreises in Ohm bedeuten.

Die im Generator induzierte Spannung U_E hat die Streuspannung U_s der Generatorwicklung und die Selbstinduktionsspannung U_k der Leiterschleife 1—2 zu überwinden. Sie setzt sich entsprechend der fol-genden Beziehung zusammen

$$U_E = U_s + U_k \quad \ldots \ldots \ldots \ldots \quad (2)$$

U_k ist gleich der Klemmenspannung des Generators bei Kurzschluß im Außenkreis und ergibt sich aus Gl. (2) zu

$$U_k = U_E \overset{\cdot}{-} U_s \quad \dots \dots \dots \dots \quad (3)$$

In den Gl. (1) und (2) sind die Wirkwiderstände der Kurzschlußbahn vernachlässigt worden, da sie unter den angenommenen Umständen im Verhältnis zum Gesamtblindwiderstand sehr klein sind. Der Wirkwiderstand eines Generators beträgt nämlich nur etwa 7% seines Blindwiderstandes. Er wird daher bei Kurzschlußstromberechnungen fast immer vernachlässigt.

Bei den Speiseleitungen liegen die Verhältnisse etwas anders. Handelt es sich um Leitungen mit kurzen und dicken Leitern, wie in dem gewählten Beispiel, dann spielt der Wirkwiderstand ebenfalls keine Rolle. Sind die Leiter aber schwach und sehr lang, dann können ihre Wirkwiderstände die Größenordnung des Gesamtblindwiderstandes des Kurzschlußstromkreises erreichen und müssen deshalb in der Grundbeziehung (1) berücksichtigt werden. Dadurch ergibt sich die Gleichung

$$I'_k = \frac{U_E}{\sqrt{(x_g + x_n)^2 + r_n{}^2}} = \frac{U_E}{z}. \quad \dots \dots \dots \quad (4)$$

Hier bedeuten r_n den Wirkwiderstand der Schleife: Leiter-Leiter und z den Scheinwiderstand (Impedanz) der gesamten Kurzschlußstrombahn. Die Berücksichtigung des Wirkwiderstandes hat gewöhnlich zur Folge, daß der Kurzschlußstrom I'_k nach Gl. (4) kleiner wird als der nach Gl. (1) ermittelte Wert I_k.

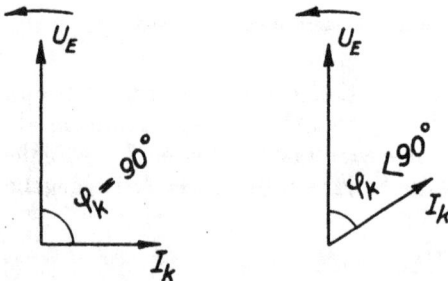

Abb. 6. Vektor-Diagramme für Strom und Spannung bei Kurzschluß.

In Abb. 6 ist die Phasenlage zwischen Strom und Spannung für den besprochenen Kurzschlußfall angedeutet. Dort ist links das Vektordiagramm für den rein induktiven Kurzschlußstromkreis, rechts das Diagramm für den gemischten Kurzschlußstromkreis, bestehend aus Wirk- und Blindwiderstand, dargestellt. In beiden Fällen eilt der Kurzschlußstrom der treibenden Spannung nach. φ_k bedeutet dabei den jeweiligen Kurzschlußphasenwinkel.

Nach diesen kurzen Erörterungen über die Vorgänge beim Kurzschluß im Wechselstromkreis können nunmehr die entsprechenden Betrachtungen über die Vorgänge in Drehstromkreisen angestellt werden. Das Beispiel eines solchen Kurzschlußfalles auf einer einfachen

Drehstromleitung zeigt die Abb. 7. In der dargestellten Netzanlage speisen die Kraftwerke A und B eine Drehstromleitung mit den Unterstationen a und b. Auf der Drehstromleitung möge plötzlich an der Stelle K ein satter Kurzschluß zwischen zwei Leitern (zweipoliger Kurzschluß) entstehen. Die Ströme beider Kraftwerke fließen dann über die Kurzschlußstelle (geringster Widerstand im Netz!), und die ent-

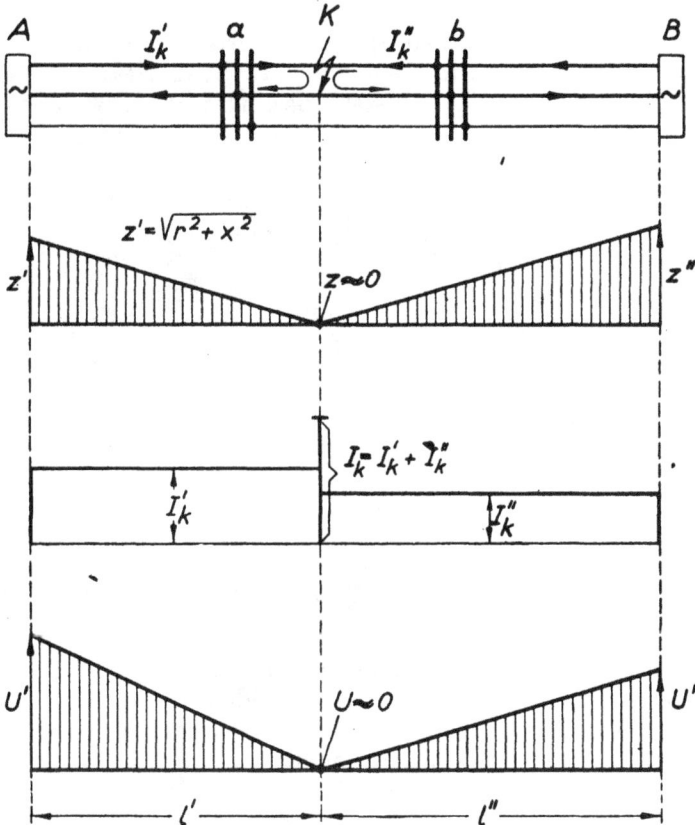

Abb. 7. Verlauf der charakteristischen Größen einer Drehstromleitung bei Kurzschluß.

sprechenden Stromstärken I'_k und I''_k sind längs der einzelnen Leitungsstrecken konstant. Von der Kurzschlußstelle aus baut sich die Spannung U zwischen den kurzgeschlossenen Leitern nach den Kraftwerken hin stetig auf, entsprechend der Zunahme des jeweiligen Scheinwiderstandes z.

Der Verlauf der Spannung, des Stromes und des Scheinwiderstandes in den Kurzschlußschleifen zu beiden Seiten der Fehlerstelle ist in dem Bild ebenfalls dargestellt. Die Wirk- und Blindwiderstände bauen sich sinngemäß auf; sie sind im Bild der besseren Übersicht halber nicht eingezeichnet worden.

Sind Material und Querschnitt der Leiter zwischen den einzelnen Stationen verschieden, so verlaufen die Scheinwiderstände und die Spannungen nicht mehr linear, sondern nach gebrochenen Linien. Ein nicht linearer Verlauf ergibt sich auch dann, wenn an der Kurzschluß-stelle hohe Wirkwiderstände (Lichtbogen- oder Erdübergangswider-stände) auftreten[1]).

Wie sich die Strom- und Spannungsverteilung sowie die Energie-richtung bei Kurzschluß in einem vermaschten Netz gestalten, zeigt ganz allgemein die Abb. 8. Hier stellt die senkrechte Schraffur den Span-

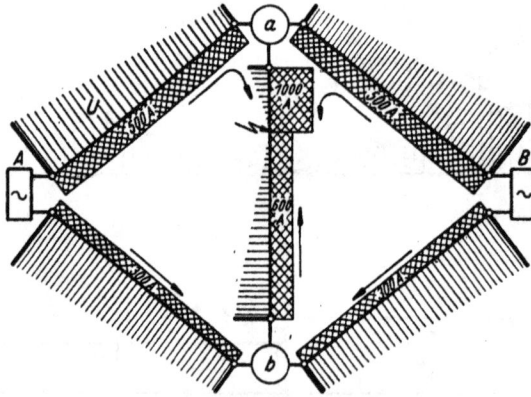

A und B — Kraftwerke. | a und b — Unterstationen.
Abb. 8. Strom- und Spannungsverteilung in einem zweiseitig gespeisten, vermaschten Ringnetz bei Kurzschluß.

nungsverlauf, die karierte Schraffur die Stromverteilung dar. Die Stromverteilung bei Kurzschluß ist in Abb. 9 auch für andere Netz-gebilde gezeigt. Man sieht, daß bei mehreren parallelen Leitungen so-wie in vermaschten Netzen die kranken Leitungsstrecken die größten Kurzschlußströme aufweisen. Die Ströme verteilen sich dabei über die kranken und sämtlichen anderen Leitungsstrecken im umgekehrten Ver-hältnis der Scheinwiderstände der Leitungspfade.

Die Größe der Kurzschlußströme auf einer Stichleitung (Einfach-leitung mit einseitiger Einspeisung) in Abhängigkeit der Fehlerentfer-nung von der Stromquelle ist im Prinzip aus Abb. 49 ersichtlich.

Die Phasenverschiebung[2]) zwischen Strom und Spannung im Kurzschlußstrompfad ist stets induktiv, d. h. der Kurzschlußstrom eilt

---

[1]) M. Walter, Fehlerortbestimmung in Freileitungsnetzen, ETZ 1931, S.1056.
[2]) Die Phasenverschiebung spielt eine Rolle bei der Ablaufzeit der phasen-winkelabhängigen Distanzrelais und beim Schaltvermögen der Leistungsschalter und Sicherungen.

der treibenden Spannung um einen bestimmten Winkel, den Phasenwinkel φ_k, nach. — Bei Kabeln ist der Kurzschlußphasenwinkel φ_k
unter sonst gleichen Voraussetzungen, d. h. bei gleichem Leiterquerschnitt und gleichem Leitermaterial, wesentlich kleiner als bei Frei-

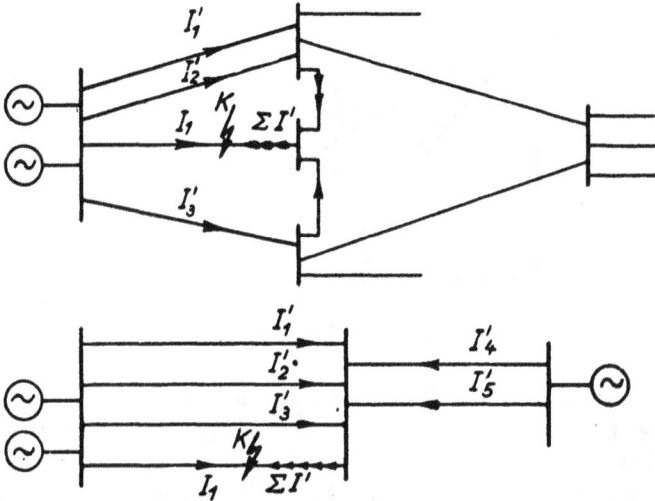

Abb. 9. Stromverteilung bei Kurzschluß in einem einseitig gespeisten vermaschten Ringnetz
sowie in einem zweiseitig gespeisten Netz mit mehrfach parallelen Leitungen.

leitungen, da bekanntlich die Selbstinduktion der Kabel (besonders bei
niedriger Netzspannung) infolge der geringen Leiterabstände verhältnismäßig sehr klein ist. Selbst bei einem Drehstromkabel in H-Ausfüh-

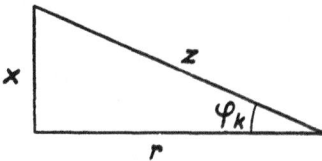

r Wirkwiderstand je Leiter in Ω/km.
x Blinkwiderstand je Leiter in Ω/km.
z Scheinwiderstand je Leiter in Ω/km.
φ_k Kurzschlußphasenwinkel.
Abb. 10. Widerstandsdreieck eines H-Kabels für
70 kV Nennspannung, Leiterquerschnitt
50 mm² Cu, Frequenz 50 Hz.

rung[1]) für 70 kV Nennspannung mit einem Leiterquerschnitt von
50 mm² Cu beträgt der Kurzschlußphasenwinkel annähernd erst 24°
gemäß der nachstehenden Beziehung, die in Abb. 10 zeichnerisch dargestellt ist:

$$\operatorname{tg} \varphi_k = \frac{x}{r} = \frac{0,16}{0,38} = 0,42,$$

$$\measuredangle \varphi_k \approx 24°.$$

---

[1]) Kabel nach Höchstädter, nähere Beschreibung s. auf S. 39.

Bei einem Drehstromkabel (ebenfalls in H-Ausführung) mit gleichem Querschnitt, jedoch für eine Nennspannung von 25 kV, erreicht er sogar nur 18°. — Bei Freileitungen mit 50 mm² Kupferseilen und einem mittleren Blindwiderstand je Leiter von 0,4 Ohm/km (dieser Wert gilt durchschnittlich für alle Freileitungen) weist der Winkel φ_k einen Wert

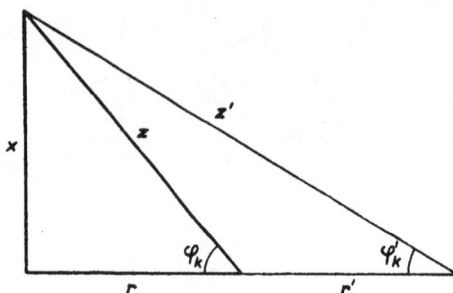

Abb. 11. Verkleinerung des Kurzschlußphasenwinkels ($\varphi_k' < \varphi_k$) durch den Einfluß des Lichtbogenwiderstandes r'.

von etwa 49° auf. Für 120 mm² Kupferseile beträgt er bei gleichem Blindwiderstand je km bereits etwa 70°., Diese Werte treffen nur für metallischen Kurzschluß zu. In der Praxis erfolgen die Kurzschlüsse in Freileitungsnetzen jedoch meist über Lichtbogen (Wirkwiderstand!) wodurch der Kurzschlußphasenwinkel unter Umständen viel kleiner

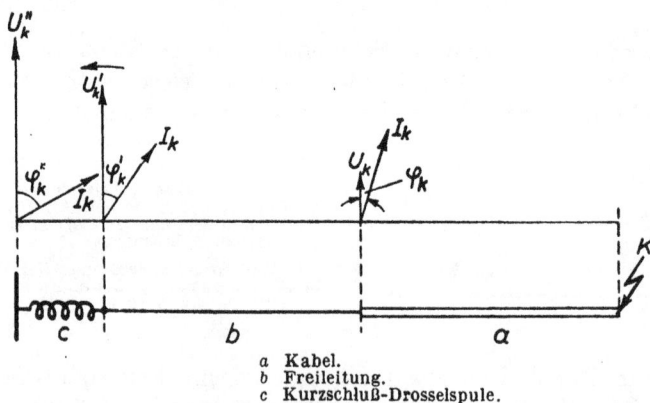

a Kabel.
b Freileitung.
c Kurzschluß-Drosselspule.

Abb. 12. Änderung des Kurzschlußphasenwinkels im Zuge eines Kurzschlußstrompfades, bestehend aus verschiedenartigen Anlageteilen.

wird (Abb. 11). — Der Kurzschlußphasenwinkel einer Strombegrenzungsdrosselspule (Abb. 64 bis 67) erreicht nahezu einen Wert von 90°.

Liegen im Kurzschlußpfad Kabel, Freileitungen und Reaktanzspulen hintereinander, so ändert sich der Kurzschlußphasenwinkel in Richtung zur Stromquelle hin so, wie in Abb. 12 angedeutet.

Nachdem vorstehend der grundsätzliche Verlauf der elektrischen Größen im Kurzschlußfalle allgemein gezeigt wurde, können nunmehr die einzelnen Fehlerarten einer näheren Betrachtung unterzogen werden. Die möglichen Fehlerarten sind z. T. von der Beschaffenheit des betreffenden Netzes abhängig.

Drehstromnetze werden je nach der Behandlung ihres Sternpunktes grundsätzlich eingeteilt in:

a) **Drehstromnetze mit kurzgeerdetem Systemnullpunkt.** Darunter versteht man Netze, bei denen der Sternpunkt entweder starr oder über Blindwiderstände kleiner Ohmzahl geerdet ist. In Deutschland werden nur die Niederspannungsnetze für Spannungen bis zu 380 V mit starrer Erdung ausgeführt.

b) **Drehstromnetze mit nicht kurzgeerdetem Systemnullpunkt.** Hierzu zählen die Netze mit freiem Nullpunkt sowie diejenigen Netze, bei denen am Sternpunkt Erdschlußlöscheinrichtungen, wie: Petersen-Spulen, Bauch-Löschtransformatoren u. dgl. angeschlossen sind. Die Erdschlußlöscheinrichtungen stellen Blindwiderstände sehr hoher Ohmzahl dar.

Die folgenden Betrachtungen der verschiedenen Fehlerarten beziehen sich im wesentlichen auf Drehstromnetze mit nicht kurzgeerdetem Systemnullpunkt. Sie haben den Zweck, in kurzen Zügen die wichtigsten Merkmale der einzelnen Fehler für die eigentliche Kurzschlußstromberechnung (s. Kapitel D und H) herauszuschälen. Ferner stellen sie im besonderen eine gewisse Grundlage dar für die Berechnung der Kurzschlußströme im Zusammenhang mit der Planung und dem Betrieb von Selektivschutzeinrichtungen nach dem Widerstandsprinzip (Distanzschutz).

Zur Vereinfachung der Betrachtungen wird dabei durchweg angenommen, daß die Kraftwerksleistung im Vergleich zur Durchgangsnennleistung der Leitungsstrecken praktisch unendlich groß ist, so daß die Sammelschienenspannung in allen Kurzschlußfällen starr und gleich der Nennspannung[1]) bleibt. Diese Spannung gilt dann sozusagen als treibende Spannung im äußeren Kurzschlußstromkreis (vgl. a. die Ausführungen auf S. 67).

Wenn jedoch die Kraftwerksleistung im Vergleich zur Durchgangsnennleistung der einzelnen Leitungen nicht praktisch unendlich groß ist, so daß die Spannung an den Übergabestationen oder an den Klemmen der Maschinen im Kurzschlußfalle nicht mehr starr bleibt, dann

---

¹) Hierunter kann die Generator- oder Netz-Nennspannung verstanden werden, vgl. auch die Ausführungen in der Fußnote ²) auf S. 127.

müssen die vorgelagerten Blindwiderstände der Transformatoren und Generatoren mitberücksichtigt werden, wie im Kapitel D unter 4b ausgeführt ist.

2. Dreipoliger Kurzschluß.

Bei sattem dreipoligen Kurzschluß sind die Ströme in allen drei Leitern (R, S, T) gleich groß. Sie werden von der jeweiligen Stern-

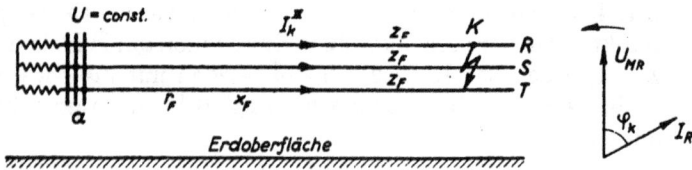

Abb. 13. Dreipoliger Kurzschluß im Netz.

spannung (U_{MR}, U_{MS} und U_{MT}) getrieben (vgl. Abb. 13) und ergeben sich ganz allgemein aus der Beziehung:

$$I_k^{III} = \frac{U_{\text{Stern}}}{\sqrt{r_F^2 + x_F^2}} = \frac{U_{\text{Stern}}}{z_F} . \quad\ldots\ldots\ldots (5)$$

Hier bedeuten: r_F den Wirkwiderstand, x_F den Bindwiderstand und z_F den Scheinwiderstand in Ohm je Leiter.

Wird im Zähler der Gl. (5) statt der Sternspannung U_{Stern} die Dreiecksspannung U eingesetzt, wie es in der Praxis üblich ist, so muß im Nenner der Faktor $\sqrt{3}$ erscheinen. Man erhält dadurch die Beziehung:

$$I_k^{III} = \frac{U}{\sqrt{3} \cdot \sqrt{r_F^2 + x_F^2}} = \frac{U}{\sqrt{3} \cdot z_F} . \quad\ldots\ldots (6)$$

Diese Beziehung läßt sich so deuten, als würde der Kurzschlußstrom von der Dreiecksspannung U durch eine Leiterschleife mit dem Scheinwiderstand $\sqrt{3} \cdot z_F$ getrieben werden, obwohl eine derartige Schleifenimpedanz bzw. Leiterschleife nur bedingt zu Recht besteht.

Aus dem Vektordiagramm der Abb. 13 geht noch hervor, daß der Kurzschlußstrom I_R des Leiters R hinter der zugehörigen Sternspannung U_{MR} um den Kurzschlußphasenwinkel φ_k zurückbleibt. In bezug auf die Dreiecksspannung zwischen den Leitern R und T eilt jedoch der Kurzschlußstrom I_k^{III} nur noch um den Winkel $\varphi = \varphi_k - 30^0$ nach. Bei einigen Distanzrelais hat die Größe dieser Phasenwinkel einen gewissen Einfluß auf die Ablaufzeit.

Beim satten Kurzschluß ist die Spannung zwischen den Leitern an der Fehlerstelle sehr klein[1]). Von hier aus baut sie sich in Richtung zur Stromquelle hin in gleichseitigen Dreiecken allmählich auf (Abb. 14). Bei Lichtbogenkurzschlüssen mit verschieden großen Lichtbogenwiderständen zwischen den Leitern kann die Spannung auch in ungleichseitigen Dreiecken anwachsen[2]).

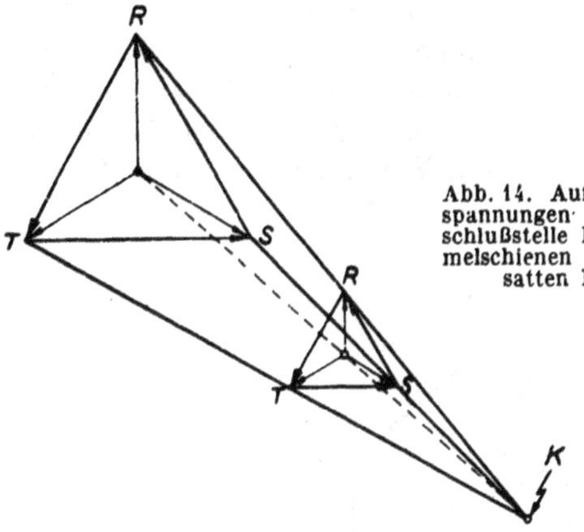

Abb. 14. Aufbau der Dreieckspannungen von der Kurzschlußstelle bis zu den Sammelschienen bei dreipoligem satten Kurzschluß.

3. Zweipoliger Kurzschluß.

Beim zweipoligen Kurzschluß fließt in den beiden betroffenen Leitern der gleiche Strom. Im Gegensatz zum dreipoligen Kurzschluß wird jedoch der Strom hier von der Dreiecksspannung U getrieben

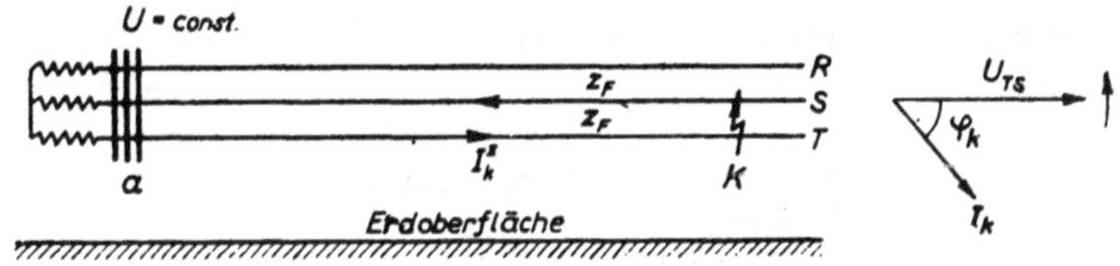

Abb. 15. Zweipoliger Kurzschluß im Netz.

(Abb. 15). Bei sattem Kurzschluß kann er aus der folgenden Formel berechnet werden:

$$I_k^{\mathrm{II}} = \frac{U}{2\sqrt{r_F^2 + x_F^2}} = \frac{U}{2\,z_F}. \qquad \ldots \ldots \ldots \quad (7)$$

Hierin bedeutet $2\,z_F$ den Scheinwiderstand der beiden kranken Phasenleiter, d. h. der Schleife: Leiter-Leiter.

---

[1]) Etwa 300 V (s. auch die Ausführungen auf S. 47); wenn jedoch der Kurzschluß durch Zuschalten eines dreipoligen Trennschalters auf Erde herbeigeführt wird so kann die Spannung zwischen den kurzgeschlossenen Phasenleitern bis auf fast Null Volt zusammenbrechen.

[2]) F. Kesselring, Selektivschutz, Verlag J. Springer, Berlin 1930.

Den Aufbau der zusammengebrochenen Spannung von der Kurzschlußstelle in Richtung zur Stromquelle hin zeigen die Abb. 7 und 16.
Die Spannungen U_{SR} und U_{RT} zwischen dem gesunden Leiter R und
den kranken Leitern S und T können im Zuge des Kurzschlußstrompfades je nach der Bauart der Maschinen (Dämpferwicklung) auch mehr
oder weniger zusammenbrechen. Außerdem verwirft sich das Spannungsdreieck beim zweipoligen Kurzschluß infolge Ankerrückwirkung
und ungleichmäßiger Verteilung der Induktivität in der Kurzschluß-

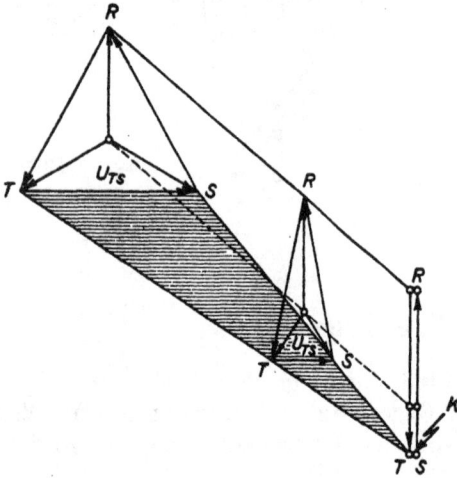

Abb. 16. Aufbau der Dreiecksspannungen von der Kurzschlußstelle bis zu den Sammelschienen bei zweipoligem
Kurzschluß zwischen den Leitern T und S.

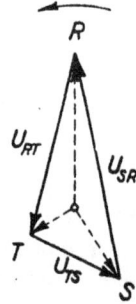

Abb. 16a. Spannungsdreieck in
einiger Entfernung von der Kurzschlußstelle. Kurzschluß zwischen
den Leitern T und S.

schleife meist so[1]), daß der Spannungsvektor U_{SR} größer ist als der
Vektor U_{RT} (vgl. Abb. 16a).

Der Kurzschlußstrom ist beim zweipoligen Kurzschluß um etwa
13,5% kleiner als beim dreipoligen, da die Scheinwiderstände der
Kurzschlußschleifen sich wie $2 : \sqrt{3}$ verhalten, wenn man in beiden
Fällen der Berechnung die Dreiecksspannung zugrunde legt. Starre
Spannung an den Sammelschienen a in Abb. 15 ist hierbei natürlich
Voraussetzung, da sonst die Ankerrückwirkung der Maschinen die Ver-
hältnisse ändert.

4. Erdkurzschluß und Kurzschluß mit Erdberührung.

Erdkurzschlüsse[2]) kommen in der Praxis im allgemeinen selten
vor. Man versteht darunter die Durchbrechung der Isolation zwischen

---

[1]) S. auch G. Courvoisier, Bull. SEV 24 (1933), S. 462.
[2]) Der Verfasser unterscheidet grundsätzlich zwischen Erdkurzschluß und einpoligem Kurzschluß (vgl. Abschnitt 6), und zwar abweichend von den REH 1929.

zwei oder drei Leitern und Erde am gleichen Ort (vgl. Abb. 17 unter 1). Stromverlauf und Spannungsverteilung sind beim Erdkurzschluß praktisch die gleichen wie beim zwei- oder dreipoligen Kurzschluß.

Die Übergangswiderstände zwischen den Leitern und Erde an der Kurzschlußstelle können mitunter sehr groß sein, insbesondere, wenn z. B. nach einem Leiterbruch die Leiter auf Sandboden, Schnee oder trockene Erde fallen. Liegen die Leiter dagegen beispielsweise auf den Eisentraversen eines Leitungsmastes, so ist der Übergangswiderstand vernachlässigbar klein; er kann aber auch in diesem Falle sehr hohe Werte aufnehmen, wenn die Verbindung von den Leitern zu den Traversen über Lichtbogen führt, beispielsweise bei rückwärtigen Überschlägen an den Isolatoren, verursacht durch Blitzeinschläge in die Erdseile bzw. Eisenmaste. Die Größe der Erdübergangswiderstände bewegt sich je nach der Güte des Überganges etwa zwischen den Grenzen

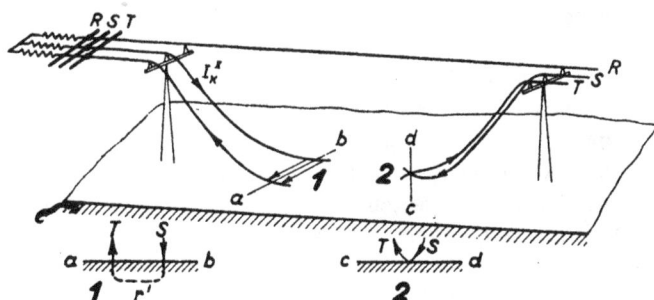

1 Erdkurzschluß.
2 Kurzschluß mit Erdberührung.
r' Gesamter Übergangswiderstand an der Fehlerstelle.

Abb. 17. Drehstromleitung mit Leiterbruch in zwei Phasenleitern.

10 und 200 Ohm. Die Lichtbogenwiderstände können in der gleichen Größenordnung liegen. Beide Widerstandsarten sind bei Erdkurzschluß mitunter größer als die Leitungswiderstände, gemessen vom Fehlerort bis zur Stromquelle.

Lichtbogen- und Erdübergangswiderstände sind zusätzliche, veränderliche Widerstände (Fehlerwiderstände), die sich im voraus nicht bestimmen lassen. Man kann sie nach einer erfolgten Störung im Netz durch Nachrechnung aus der Fehlerortmessung ungefähr ermitteln[1].

Die genannten Fehlerwiderstände stellen im wesentlichen Wirkwiderstände dar und müssen in der Schleifenimpedanz dementsprechend berücksichtigt werden. Sie sind in den nachstehenden Stromformeln

---

[1] S. in M. Walter, Fehlerortbestimmung in Freileitungsnetzen, ETZ 1931, S. 1056.

zu einem resultierenden Widerstand r' zusammengefaßt. Diese Formeln lauten demnach für den zwei- und dreipoligen Erdkurzschluß wie folgt:

$$I''_k = \frac{U}{\sqrt{(2\,r_F + r')^2 + (2\,x_F)^2}} \quad \cdots\cdots\cdots (8)$$

und

$$I'''_k = \frac{U}{\sqrt{3}\cdot\sqrt{(r_F + r')^2 + x_F^2}}. \quad \cdots\cdots\cdots (9)$$

Dabei bedeuten: x_F den Blindwiderstand und r_F den Wirkwiderstand in Ohm je Phasenleiter.

Der Kurzschluß mit Erdberührung unterscheidet sich vom Erdkurzschluß dadurch, daß bei ihm der Kurzschlußstrom nicht durch die Erde fließt, sondern unmittelbar von Leiter zu Leiter, und zwar entweder auf metallischem Wege (vgl. Abb. 17 unter 2) oder gegebenenfalls über Lichtbogen. In Kabelnetzen ist diese Art von Kurzschlüssen vorherrschend. Bei Leiterbruch kommt sie auch in Freileitungsnetzen vor.

Gegenüber den zwei- und dreipoligen Kurzschlüssen ohne Erdberührung weisen die Kurzschlüsse mit Erdberührung keine zusätzlichen Übergangswiderstände auf. Sie bedürfen daher keiner weiteren Betrachtung. Es wäre nur noch zu erwähnen, daß durch die Erdberührung eine Spannung zwischen dem Sternpunkt des Netzes und der Erde (die Sternpunkterdspannung) auftritt.

5. Doppelerdschluß.

Doppelerdschluß und zweipoliger Kurzschluß sind wesensverwandt. Sie unterscheiden sich in der Hauptsache dadurch, daß beim zweipoligen Kurzschluß die kranken Leiter unmittelbar überbrückt werden, beim Doppelerdschluß dagegen über Erde, wobei die Fußpunkte der Brücke nicht am gleichen Ort der Leitung liegen, sondern über eine oder mehrere Leitungsstrecken räumlich verteilt sind (Abb. 18 und 19). Strom- und Spannungsverteilung zeigen beim Doppelerdschluß im großen und ganzen das gleiche Bild wie beim zweipoligen Kurzschluß. Der Einfluß der Kapazität ist wie auch beim zweipoligen Kurzschluß hier verschwindend gering.

In Abb. 18 ist ein Doppelerdschluß mit Stromverlauf und Spannungsverteilung dargestellt. An den Erdschlußstellen E_1 und E_2 weisen die kranken Leiter T und S gegen Erde die Spannung Null V auf (bei Vernachlässigung des Lichtbogens und des Erdübergangswiderstandes). Von da steigt die Spannung gegen Erde in Richtung zur Stromquelle an, wie aus den Teilabb. 18b und 18c hervorgeht. In diesen beiden Abbildungen wird ein und derselbe Vorgang verschieden dargestellt. Während in Abb. 18b eine gemeinsame Nullinie angenommen ist, über und unter der die Spannungen der Leiter T und S gegen Erde aufgetragen sind, weist Abb. 18c zwei »Erden« verschiedenen Potentials auf, wobei die Spannungen gegen Erde unterteilt sind. Die Spannungswerte U'_1 und U'_2 in den Stationen 1 und 2 bedeuten die volle Spannung der jeweiligen

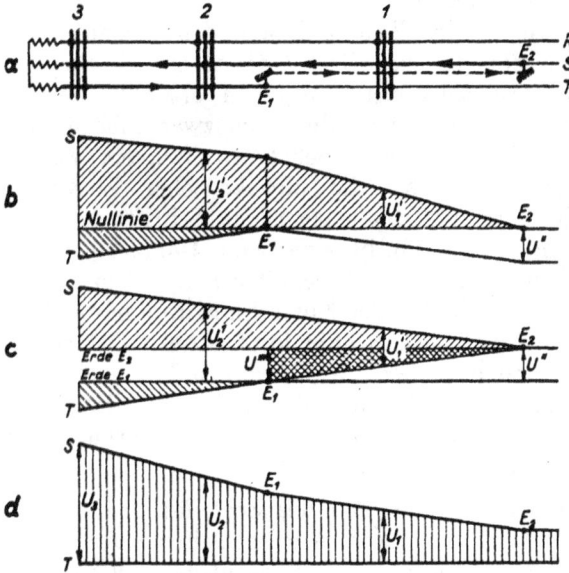

U_1' und U_2' Spannungen des Leiters S gegen Erde in den Stationen *1* und *2*.
U_1, U_2 und U_3 Dreieckspannungen zwischen den Leitern S und T in den Stationen *1*, *2* und *3*.
U'' Spannung des Leiters T gegen Erde, hervorgerufen durch die Induktion des Nachbarleiters S.
U''' fiktiver Spannungsabfall in der Erde von E_1 bis E_2.
Abb. 18. Schematische Darstellung des Spannungsverlaufes bei einseitig gespeister Drehstromleitung mit Doppelerdschluß (Lichtbogen- und Erdübergangswiderstände an den Erdschlußstellen sind hier gleich Null angenommen).

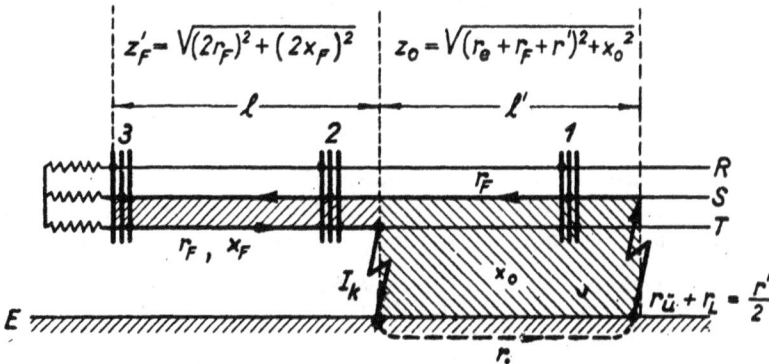

Abb. 19. Stromverlauf bei Doppelerdschluß. Stromschleifen: Leiter-Leiter und Leiter-Erde.

Schleife: Leiter-Erde. Diese Schleifenspannung ist identisch mit der Spannung eines Leiters gegen Erde (Leitererdspannung).

Der Spannungsverlauf zwischen den kranken Leitern T und S ist aus Abb. 18d ersichtlich. Auch hier steigt die Spannung in Richtung zur Stromquelle an, hat aber an den Erdschlußstellen selbst einen anderen Wert als Null Volt.

Der Strom in der Erde zwischen den beiden Fußpunkten des Doppelerdschlusses (für das Drehstromsystem ein Asymmetrie- oder Summenstrom) ist bekanntlich in seiner örtlichen Verteilung an die kranke Drehstromleitung gebunden, und zwar auch dann, wenn diese Leitung ihre Richtung unter beliebigen Winkeln wechselt. Wegen weiterer Einzelheiten über die physikalischen Zusammenhänge bei Doppelerdschluß sei auf das einschlägige Schrifttum verwiesen[1]).

Teilt man nach Abb. 19 eine vom Doppelerdschluß betroffene Drehstromstichleitung in die Abschnitte l und l' auf, so läßt sich erkennen, daß im Abschnitt l der Kurzschlußstrom in den beiden kranken Leitern T und S fließt, während er im Abschnitt l' seinen Weg im Erdboden nimmt und nur über einen kranken Leiter, den Leiter S. Die Zusammensetzung der Widerstände in der Schleife: Leiter-Leiter sowie in der Schleife: Leiter-Erde ist aus den Formeln im Bild ersichtlich. Dort bedeuten in Ohm:

z'_F den Scheinwiderstand der Schleife: Leiter-Leiter,

r_F den Wirkwiderstand je Phasenleiter $\}$ der Strecke l, s. a. die

x_F den Blindwiderstand je Phasenleiter $\}$ Formeln (23) und (27),

z_0 den Scheinwiderstand der Schleife: Leiter-Erde,

r_F den Wirkwiderstand des Phasenleiters S der Strecke l',

r_e den Wirkwiderstand der Erdbodenstrecke [s. Formel (28)],

r' die zusammengefaßten Lichtbogen- und Erdübergangswiderstände,

x_0 den Blindwiderstand der Schleife: Leiter-Erde (s. a. Abb. 25).

Setzt man die Scheinwiderstände z'_F und z_0 geometrisch zusammen, dann ergibt sich der Kurzschlußstrom bei Doppelerdschluß nach der Beziehung

$$I_k = \frac{U}{z'_F \mathbin{\hat{+}} z_0} \quad \ldots \ldots \ldots \ldots \ldots (10)$$

Bei Freileitungen ist der Scheinwiderstand einer Schleife: Leiter-Erde dem Scheinwiderstand einer gleich langen Schleife: Leiter-Leiter nahezu gleich, allerdings nur unter der Voraussetzung, daß die Über-

[1]) J. Biermanns, Elektr. u. Maschinenbau 43 (1925), S. 374. — O. Mayr, ETZ 46 (1925), S. 1436. — Archiv für El. 17 (1926), S. 163. — R. Rüdenberg, Z. ang. Math. u. Mech. 5 (1925), S. 361. — F. Kesselring, Selektivschutz, J. Springer 1930, S. 119...133; H. Weber, Der Erdschluß in Hochspannungsnetzen, R. Oldenbourg 1936; H. Titze, ETZ 1936, S. 1031.

gangswiderstände und Lichtbogenwiderstände an den Erdschlußstellen nicht allzu hohe Werte annehmen. Die Übergangswiderstände bewegen sich, wie bereits erwähnt, je nach der Güte des Überganges zwischen etwa 10 und 200 Ohm. Der Widerstand eines Lichtbogens zwischen Leiter und Erde kann in Höchstspannungsnetzen Werte bis zu 250 Ohm annehmen. Ausführlichere Angaben über den Lichtbogenwiderstand s. auf S. 47.

In Kabelnetzen nimmt der Strom bei Doppelerdschluß seinen Weg unerwünschterweise zum großen Teil über die Bleimäntel. Die aus Bleimantel und Erde gebildete Schleife arbeitet bei Doppelerdschluß etwa als Sekundärwindung eines Stromwandlers, an dessen Erregung der gesamte Leiterstrom beteiligt ist. Insbesondere bei armierten Kabeln bilden sich dadurch in der geschlossenen Schleife: Bleimantel-Erde beträchtliche Gegenströme aus, so daß sich in der Erde der primäre Strom und der sekundäre Gegenstrom nahezu aufheben. Der Fehlerstrom fließt in diesem Fall zum überwiegenden Teil durch den Bleimantel zurück. Zur Vermeidung etwaiger Kabelschäden ist daher auf sehr gute Erdung und auf einwandfreien Zustand der Übergangsstellen (Erdverbindungen) der Bleimäntel tunlichst zu achten.

Doppelerdschlüsse treten in Kabelnetzen sowie in Freileitungsnetzen mit Holzmasten und ohne Erdseile nur selten auf. In Freileitungsnetzen mit Eisenmasten und Erdseilen dagegen sind sie häufig zu beobachten.

6. Einpoliger Kurzschluß.

In Netzen mit kurzgeerdetem Systemnullpunkt, d. h. mit starrer Erdung, führt die Durchbrechung der Isolation eines Phasenleiters gegen Erde zu einem einpoligen Kurzschluß (Abb. 20). Die treibende Span-

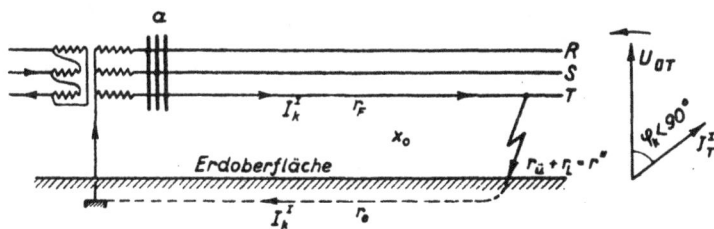

Abb. 20. Einpoliger Kurzschluß im Netz mit kurzgeerdetem Systemnullpunkt.

nung ist dabei die Spannung des kranken Leiters gegen Erde, die Leitererdspannung. In Abb. 20 treibt demnach die Leitererdspannung U_{0T} den Strom durch die Schleife: Leiter-Erde.

Beim einpoligen Kurzschluß ergeben sich hinsichtlich des Stromverlaufes und der Spannungsverteilung ähnliche Verhältnisse wie beim

Doppelerdschluß[1]) in Netzen mit isoliertem Sternpunkt. Der Schein-widerstand der Kurzschlußschleife: Leiter-Erde errechnet sich dabei wie beim Doppelerdschluß zu:

$$z_0 = \sqrt{(r_s + r_F + r'')^2 + x_0{}^2}. \quad \ldots \ldots \ldots \quad (11)$$

Die Bedeutung der einzelnen Formelgrößen ist auf S. 26 angegeben

Setzt man den Lichtbogenwiderstand r_L und den Erdübergangs-widerstand r_s, die im voraus nicht bestimmt werden können, gleich Null, so ergibt sich für den einpoligen Kurzschluß ein Strom:

$$I_k^I = \frac{U_{oL}}{\sqrt{(r_s + r_F)^2 + x_0{}^2}}. \quad \ldots \ldots \ldots \quad (12)$$

U_{oL} bedeutet darin die Leitererdspannung; diese kann im starr geerdeten Netz keinen größeren Wert annehmen als die maximale Sternspannung U_{Stern}.

Die Ströme bei gewöhnlichen drei- und zweipoligen Kurzschlüs-sen errechnet man in kurzgeerdeten Netzen genau so wie in Netzen mit freiem Nullpunkt. Etwas verwickelter werden die Verhältnisse, wenn auch die Erde am Kurzschluß beteiligt ist (Kurzschluß mit Erdberüh-rung). Es ist dann empfehlenswert, die Rechnung mit symmetrischen Komponenten durchzuführen[2]).

Der Kurzschlußstrom ist beim einpoligen Schluß — starre Spannung in a vorausgesetzt — kleiner als beim zweipoligen, da seine treibende Spannung U_{oL} (Leitererdspannung) ebenfalls kleiner ist als die treibende Spannung U (Dreieckspannung) beim zweipoligen Kurz-schluß, während der Scheinwiderstand der Kurzschlußschleife: Leiter-Erde wenigstens bei Freileitungen dem Scheinwiderstand der Kurz-schlußschleife: Leiter-Leiter praktisch gleich ist.

Das Verhältnis der Ströme beim ein- und zweipoligen Kurzschluß kann sich auch umkehren, d. h. der Kurzschlußstrom kann beim einpoli-gen Kurzschluß größer werden als beim zweipoligen, und zwar in der Nähe eines Kraftwerkes, wo man unter Umständen schon mit dem Ein-fluß der Ankerrückwirkung der Maschinen rechnen muß, der einen Spannungsrückgang bedingt. Da die Ankerrückwirkung beim einpoli-gen Kurzschluß kleiner ist als beim zweipoligen, kann der Strom beim einpoligen Schluß größer als beim zweipoligen werden. Für solche Fälle schafft man oft einen Ausgleich dadurch, daß die Erdung des Sternpunktes vom Generator oder Transformator über einen induktiven Widerstand geringer Ohmzahl vorgenommen wird.

---

[1]) Für die Strecke zwischen den beiden Fußpunkten.
[2]) Vgl. Wagner und Evans, Symmetrical Components, New York 1933; — G. Oberdorfer, Das Rechnen mit symmetrischen Komponenten, B. G. Teubner, Leipzig 1929.

In Netzen mit kurzgeerdeten Transformatorsternpunkten können beim einpoligen Schluß der Leitungen Kurzschlußströme auch an solchen Stellen auftreten, wo man sie bei oberflächlicher Betrachtung eigentlich gar nicht erwartet. In Abb. 21 ist die Stromverteilung auf einer Drehstromleitung für einen derartigen Fall dargestellt. Man sieht, daß

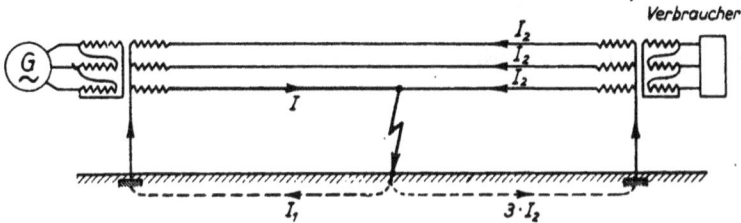

Abb. 21. Paradoxon nach Bauch.

auch am Verbraucherende in allen drei Leitern Kurzschlußströme fließen, die nahezu phasengleich und gleich groß sind[1]).

Einpolige Kurzschlüsse treten in kurzgeerdeten Freileitungsnetzen viel öfter auf als drei- oder zweipolige, denn sie werden bereits durch jede Erdberührung eines Stromleiters verursacht.

7. Einfacher Erdschluß.

In Netzen mit nicht kurzgeerdetem Systemnullpunkt (s. a. die Ausführungen auf S. 19) treten an Stelle von einpoligen Kurzschlüssen einfache Erdschlüsse auf (Abb. 22), die bei Erdstromkompensation durch Petersen-Spulen, Bauch-Löschtransformatoren u. dgl. ungefährlich sind. Eine Ausnahme bildet der seltene Fall, daß bei Erdschluß eines Phasenleiters gleichzeitig auch der Nullpunkt eines Speisetransformators oder eines Generators gegen Erde durchschlägt.

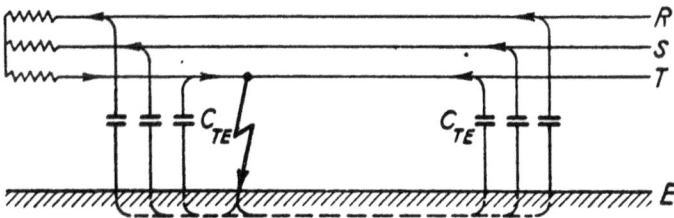

Abb. 22. Verteilung der Kapazitätsströme auf einer Stichleitung mit Erdschluß über Lichtbogen. Bei sattem Erdschluß fallen die Erdkapazitäten C_{TE} fort.

Der Stromverlauf bei Erdschluß auf einer Stichleitung ist im Prinzip in Abb. 22 gezeigt. Die Größenordnung der Erdschlußströme

---

[1]) R. Bauch, E. u. M. 35 (1917), S. 371; E. Groß, E. u. M. 52 (1935), S. 601.

in Kabel- und Freileitungsnetzen zeigen die Kurvenscharen in den Abb. 122...124 des Anhanges. Weitere Ausführungen über den Erdschluß und den Erdschlußstrom s. im einschlägigen Schrifttum[1]).

[1]) G. Oberdorfer, Der Erdschluß und seine Bekämpfung, Wien 1930. — M. Walter, Selektivschutzeinrichtungen für Hochspannungsanlagen, R. Oldenbourg, München 1929, S. 116...126. — H. Weber, Der Erdschluß in Hochspannungsnetzen, R. Oldenbourg, München 1936. — F. Kesselring, Selektivschutz, J. Springer, Berlin 1930, S. 90...141. — R. Willheim, Das Erdschlußproblem in Hochspannungsnetzen, J. Springer, Berlin 1936.

C. Rechnungsgrößen für Hochspannungs- anlagen.

Im Kapitel B wurden die wesentlichsten Fehlerarten (Kurzschluß- arten) in Drehstromnetzen besprochen. In diesem Kapitel sollen nun die Widerstandsgrößen (Blind-, Wirk- und Scheinwiderstände) der einzelnen Anlageteile wie Maschinen, Umspanner, Kurzschlußdrossel- spulen, Freileitungen und Kabel einer Kurzschlußbahn näher be- trachtet und für deren Ermittlung die entsprechenden Formeln sowie Kurven- bzw. Zahlentafeln aufgestellt werden. Die Reihenfolge der Rechnungsgrößen ist so gehalten, daß man beim Rechnungsgang der Zahlenbeispiele in Kapitel H bequem auf sie zurückgreifen kann.

Von den Blindwiderständen der einzelnen Anlageteile wird je- weils nur der induktive Blindwiderstand berücksichtigt. Eine Be- trachtung der kapazitiven Blindwiderstände ist überflüssig, weil die Ladeströme der Kurzschlußbahnen gegenüber den Kurzschlußströmen infolge des Spannungsrückganges meistens ohne Bedeutung sind. Natür- lich gibt es auch hier Ausnahmefälle, z. B. in Netzen mit hoher Be- triebsspannung und sehr langen Kabeln oder Freileitungen[1]. Nebenbei sei bemerkt, daß der kapazitive Widerstand im Kurzschlußstromkreis nicht als Reihen-, sondern nur als Nebenwiderstand wirksam ist.

1. Nennstrom eines Generators bzw. eines Transformators.

Als Nennstrom I_n eines Drehstromgenerators oder eines Trans- formators beliebiger Schaltung gilt der bei Nennleistung nach außen hin abgegebene Strom je Phasenleiter. Er ergibt sich aus der bekannten Beziehung[2]

$$I_n = \frac{N \cdot 10^3}{\sqrt{3} \cdot U}, \qquad \dots \dots \dots (13)$$

in der I_n den Nennstrom in A, N die Nennleistung in kVA und U die Nenn-Dreieckspannung in V bedeuten.

Dieser Strom durchfließt bei Sternschaltung auch die Maschinen- bzw. Transformatorwicklung, während bei der Dreieckschaltung der

---

[1] A. Schwaiger, Ermittlung der Kurzschlußströme in Netzen, ETZ 1929, Heft 32.

[2] Gilt auch für Generatoren- bzw. Transformatorengruppen.

Strom in der Maschinen- bzw. Transformatorwicklung von diesem Wert bekanntlich abweicht.

Die Kenntnis des Nennstromes ist erforderlich zur Ermittlung der induktiven Widerstände der Generatoren und Transformatoren (s. die Abschnitte 2 und 3 dieses Kapitels).

2. Streublindwiderstand und Ankerrückwirkungs-Blindwiderstand eines Drehstromgenerators je Wicklungsstrang.

Eine ungesättigt gedachte Maschine[1]) liefert bekanntlich bei Leerlauferregung im dreipoligen Klemmenkurzschluß einen stationären Kurzschlußstrom (Dauerkurzschlußstrom) von der Größe

$$I_k = \frac{U}{\sqrt{3} \cdot x_0} \quad \ldots \ldots \ldots \ldots \quad (14)$$

Der Leerlaufblindwiderstand x_0, auch synchrone Reaktanz genannt, setzt sich aus zwei getrennt zu behandelnden Teilen zusammen, nämlich aus dem Gesamtstreublindwiderstand x_s und dem Ankerrückwirkungsblindwiderstand[2]) x_a. Demnach ist

$$x_0 = x_s + x_a = \frac{U}{\sqrt{3} \cdot I_k} = \frac{U}{\sqrt{3} \cdot m_0 \cdot I_n} \quad \ldots \ldots \quad (15)$$

Hierin bedeuten:

x_s den Gesamtstreublindwiderstand in Ohm (Streureaktanz),

x_a den Ankerrückwirkungsblindwiderstand in Ohm (Ankerreaktanz),

U die Generator-Nennspannung in V (Dreieckspannung),

I_k den Kurzschlußstrom in A bei Leerlauferregung und dreipoligem Klemmenkurzschluß,

I_n den Nennstrom in A.

m_0 das sog. Kurzschlußverhältnis.

Das **Kurzschlußverhältnis** m_0, d. h. das Verhältnis zwischen dem Dauerkurzschlußstrom I_k bei Leerlauferregung und dem Nennstrom der Maschine I_n, beträgt im Mittel

bei **Turbogeneratoren** $\qquad m_0 = \dfrac{I_k}{I_n} = 0,7,$

bei **Schenkelpolgeneratoren** $m_0 = 0,8.$

Bei älteren Maschinen hat das Kurzschlußverhältnis meistens einen höheren Wert. In allen Fällen ist es jedoch unabhängig von der Kurz-

---

[1]) Die Generatorsättigung wird im Kapitel D noch besonders berücksichtigt.

[2]) Der den Ständer des Generators durchfließende Kurzschlußstrom schwächt die Wirkung des Erregerstromes. Diese Erscheinung nennt man Ankerrückwirkung.

schlußart. Seine Größe wird gewöhnlich auf dem Leistungsschild der Stromerzeuger angegeben.

Der **Gesamtstreublindwiderstand** x_s einer Maschine ist eine konstante Größe. Er ist lediglich von der Maschinenbauart abhängig und kann für praktische Zwecke aus der Beziehung

$$x_s = \frac{U}{\sqrt{3} \cdot I_n} \cdot \frac{\varepsilon_s}{100} \quad \ldots \ldots \ldots \ldots \quad (16)$$

ermittelt werden. ε_s bedeutet dabei die relative Gesamtstreuung, d.h. das Verhältnis der Streuspannung bei Nennstrom zur Nennspannung.

Die Gesamtstreuung ε_s setzt sich zusammen aus der Ständerstreuung ε_{st} und der Bohrungsstreuung ε_b und wird im Verein mit der Ankerreaktanz für die Berechnung des Dauerkurzschlußstromes benötigt. Für sie gelten als rohe Richtwerte[1])

$$\varepsilon_s = 20\ldots24\% \text{ (der Maschinen-Nennspannung).}$$

Bei der Berechnung des Stoßkurzschlußstromes wird dagegen in den allermeisten Fällen nur die Ständerstreuung[2]) ε_{st} berücksichtigt[3]), denn im ersten Augenblick ist als drosselnder Blindwiderstand nur der Ständerblindwiderstand wirksam. Die schwächende Wirkung des Ankerfeldes auf das Hauptfeld stellt sich nämlich infolge der magnetischen Trägheit erst allmählich ein. Für die Ständerstreuung gelten die rohen Mittelwerte

$$\varepsilon_{st} = 12\ldots15\% \text{ (der Maschinen-Nennspannung).}$$

Den **Ständerblindwiderstand** x_{st} errechnet man aus der Gleichung

$$x_{st} = \frac{U}{\sqrt{3} \cdot I_n} \cdot \frac{\varepsilon_{st}}{100}. \quad \ldots \ldots \ldots \ldots \quad (16\,a)$$

Der **Ankerrückwirkungsblindwiderstand** x_a kommt nur beim Dauerkurzschlußstrom, d.h. nach dem Abklingen der Ausgleichsströme, zur Geltung. Für den dreipoligen Klemmenkurzschluß eines ungesättigten Generators mit Leerlauferregung kann er mit Hilfe der Gl. (15) ermittelt werden, sobald x_s bekannt ist. Man erhält:

$$x_a = x_0 - x_s = \frac{U}{\sqrt{3} \cdot m_0 \cdot I_n} - x_s. \quad \ldots \ldots \ldots \quad (17)$$

Der Ankerrückwirkungsblindwiderstand ist im Gegensatz zum Streublindwiderstand keine konstante Größe. Seine Höhe ist im wesentlichen abhängig von der Kurzschlußart (drei-, zwei- oder einpoliger Kurzschluß), von der Größe des Kurzschlußstromes sowie von der Beschaf-

---

[1]) Die genauen Streuwerte holt man am besten beim Erbauer der Maschinen ein.
[2]) Oder der Ständer-Blindwiderstand x_{st}.
[3]) Bei Schenkelpolgeneratoren ohne Dämpferwicklung muß auch die Bohrungsstreuung mitberücksichtigt werden (s. S. 58).

fenheit des Belastungsstromkreises. In den Endformeln (40a) und (41a) für die Ermittlung der Kurzschlußströme bei drei- und zweipoligem Schluß werden diese Einflüsse berücksichtigt.

Der Ankerrückwirkungsblindwiderstand x_a ist gewöhnlich um ein Vielfaches größer als der Gesamtstreublindwiderstand x_s, so daß die Ungenauigkeit des ermittelten Wertes der Gesamtstreuung auf die Größe des Dauerkurzschlußstromes keinen großen Einfluß ausübt (vgl. a. die entsprechenden Zahlenwerte in den Beispielen des Kapitels H).

3. Blindwiderstand eines Transformators je Wicklungsstrang.

Der Kurzschlußblindwiderstand[1] eines beliebig geschalteten Drehstromtransformators (s. a. die Ausführungen im Abschnitt 4 des Kapitels F) ergibt sich in Ohm je Phasenleiter aus der Gleichung

$$x_T = \frac{U_n}{\sqrt{3} \cdot I_n} \cdot \frac{u_k}{100}, \quad \ldots \ldots \ldots (18)$$

in der u_k die Kurzschlußspannung in % der Nennspannung, I_n den Nennstrom in A und U_n die Transformatornennspannung in V bedeuten. Die Kurzschlußspannung ist die Spannung, die bei kurzgeschlossener Sekundärwicklung an die Primärwicklung gelegt werden muß, damit sie den Nennprimärstrom aufnimmt. Sie wird in Prozenten der Nennprimärspannung ausgedrückt und kann je nach der Ausführung der Umspanner Werte von 2...12% aufweisen.

Der größtmögliche Dauerkurzschlußstrom, den ein Transformator bei dreipoligem Kurzschluß durchläßt, kann für überschlägige Rechnungen nach der Formel

$$I_d^{III} = I_n \cdot \frac{100}{u_k} \quad \ldots \ldots \ldots (19)$$

ermittelt werden. Der größtmögliche Kurzschlußstrom bei zweipoligem Schluß (I_d^{II}) ist um etwa 13,5% geringer.

Den Stoßkurzschlußstrom ermittelt man hinter einem Transformator an Hand der Beziehung

$$I_s = \varkappa \cdot \sqrt{2} \cdot I_n \cdot \frac{100}{u_k} \ldots \ldots \ldots (20)$$

Die Stoßziffer $\varkappa$ kann für die jeweiligen Netzverhältnisse der Abb. 44 entnommen werden. Im ungünstigsten Fall ist $\varkappa = 1,8$.

Arbeiten mehrere Transformatoren beliebiger Größe mit gleicher prozentualer Kurzschlußspannung u_k parallel auf eine gemeinsame Sammelschiene, so kann man sie zu einem »Ersatztransformator« zu-

---

[1] Summe der Streu-Blindwiderstände beider Transformatorenwicklungen (primären und sekundären), bezogen auf die gleiche Seite.

sammenfassen, derart, daß in Gl. (18) die algebraische Summe sämtlicher Nennströme

$$\Sigma I_n = I_{n_1} + I_{n_2} + I_{n_3} + \cdots$$

berücksichtigt wird (s. a. das Zahlenbeispiel auf S. 137).

Bei den Regeltransformatoren kann die tatsächliche Kurzschlußspannung größer oder kleiner sein als die Nennkurzschlußspannung u_k, je nachdem, ob sich der Regler vor Eintritt des Kurzschlusses im oberen oder unteren Regelbereich befindet. Auf diese Möglichkeit ist bei der Ermittlung der maximalen und minimalen Kurzschlußströme in Netzanlagen zu achten. Während der Kurzschlußdauer ändert sich die Größe der Kurzschlußspannung nicht, weil im allgemeinen die Regler bei Eintritt des Kurzschlusses zur Schonung der Schaltstücke durch besondere Überstromrelais unverzögert außer Tätigkeit gesetzt werden.

Neben den Leistungstransformatoren, die mit Regelschaltern zum selbsttätigen Wechseln der Anzapfungen auf der Primär- oder Sekundärseite ausgerüstet sind, gibt es auch Ausführungsformen von Regeltransformatoren, welche als Zusatztransformatoren zwar für vollen Durchgangsstrom, jedoch nur für eine wesentlich kleinere Eigenleistung ausgelegt sind. Hierunter fallen die Spartransformatoren sowie Zusatztransformatoren mit getrennter Erreger- und Reihenwicklung. Die im Zuge der Leiter des geregelten Netzes liegende Wicklung wird zwar, wie schon erwähnt, für den vollen Strom, aber nur für die Zusatzspannung bemessen. Die Kurzschlußspannung eines solchen Transformators entspricht derjenigen eines normalen Transformators von gleicher Eigenleistung. Sie beträgt also einige Prozente der Zusatzspannung, aber nur Bruchteile von Prozenten der vollen geregelten Netzspannung. Da im Kurzschlußfalle ein erheblicher Anteil der vollen Netzspannung am Zusatztransformator zur Verfügung stehen kann, um den Kurzschlußstrom durchzutreiben, besteht hier die Gefahr thermischer und dynamischer Überbeanspruchungen. Es wäre unwirtschaftlich, Transformatoren mit Reihenwicklung für diese Beanspruchungen zu bemessen. Deshalb ist in den RET vorgesehen, daß Zusatztransformatoren nur für den 30fachen Nennstrom als Kurzschlußstrom zu bemessen sind. Es muß Vorsorge getroffen werden, daß an der Einbaustelle ein höherer Kurzschlußstrom nicht auftreten kann.

Über die Dreiwicklungstransformatoren wird im Abschnitt 4 des Kapitels F berichtet.

4. Blindwiderstand einer Kurzschluß-Drosselspule je Pol.

Für die Auslegung der Kurzschlußdrosselspulen (s. a. die Ausführungen im Abschnitt 1 des Kapitels F) wird gewöhnlich ein bestimmter Verhältniswert für den induktiven Spannungsabfall zugrunde gelegt.

Man ermittelt dann den Blindwiderstand der Drosselspule in Ohm je Phasenleiter aus der Gleichung

$$x_D = \frac{U_n}{\sqrt{3} \cdot I_n} \cdot \frac{\varepsilon_D}{100}, \quad \ldots \ldots \ldots \quad (21)$$

in der ε_D den Spannungsabfall in % der Nennbetriebsspannung U_n beim Nennstrom I_n bedeutet.

Je nachdem, ob die Drosselspulen in Sammelschienen oder Abzweigleitungen eingebaut werden sollen, nimmt man den Spannungsabfall mit $\varepsilon_D = 3...15\%$ an, und zwar für Abzweigleitungen gewöhnlich 3...8%, für Sammelschienen 8...15%. Der Wert von 15% gilt für Fälle, bei denen der Kurzschlußstrom von zwei Maschinen begrenzt werden soll (Abb. 68). Bei den Sammelschienendrosselspulen kann man mit dem Spannungsabfall deswegen so hoch gehen, weil sie im Normalbetrieb meist nur Ausgleichlastströme führen.

Nimmt man von vornherein den größten effektiven Strom an, den die Reaktanzspule im Kurzschlußfalle durchlassen darf[1]), so ergibt sich der Blindwiderstand je Pol auch aus der Beziehung

$$x_D = \frac{U_n}{\sqrt{3} \cdot I_d^{III}}, \quad \ldots \ldots \ldots \quad (22)$$

in der I_d^{III} den größten zulässigen Dauerkurzschlußstrom bei dreipoligem Kurzschluß und U_n die Nennbetriebsspannung bedeuten. I_d^{III} kann sinngemäß aus der Gl. (19) ermittelt werden.

Den Stoßkurzschlußstrom, der hinter einer Kurzschlußdrosselspule auftreten kann, ermittelt man sinngemäß aus Gl. (20).

In der Praxis werden die Kurzschlußdrosselspulen vielfach auch nach der Größe ihrer Induktivität L festgelegt. Die Induktivität einer Kurzschlußdrosselspule ergibt sich in Henry aus der Beziehung

$$x_D = \omega L$$

zu

$$L = \frac{x_D}{\omega}$$

oder in mH zu

$$L = \frac{x_D \cdot 1000}{\omega},$$

worin $\omega = 2\pi f$ die Kreisfrequenz bedeutet.

Angaben über betriebsmäßige Spannungsabfälle an Kurzschlußdrosselspulen sind auf S. 89 enthalten (vgl. a. Abb. 64).

---

[1]) Die Kraftwerksleistung sei dabei praktisch unendlich groß, d. h. die Spannung starr angenommen.

5. Blindwiderstand einer Freileitung je km und Phasenleiter.

Den Blindwiderstand einer Freileitung je Phasenleiter[1]) in Ohm erhält man bei der Frequenz 50 Hz näherungsweise aus der nachstehenden Beziehung:

$$x_F = \omega L = 2 \cdot 3{,}14 \cdot 50 \cdot 1{,}27 \cdot 10^{-3} \approx 0{,}4 \, \Omega/\text{km}, \quad \ldots \quad (23)$$

in der $\omega = 314$ die Kreisfrequenz und L die Induktivität in H/km bedeuten. **Der Wert $x_F = 0{,}4$ Ohm je km und Leiter kann nur als Mittelwert angesehen werden**[2]). Für überschlägige Rechnungen ist dieser Mittelwert jedoch durchaus hinreichend. Genau läßt sich

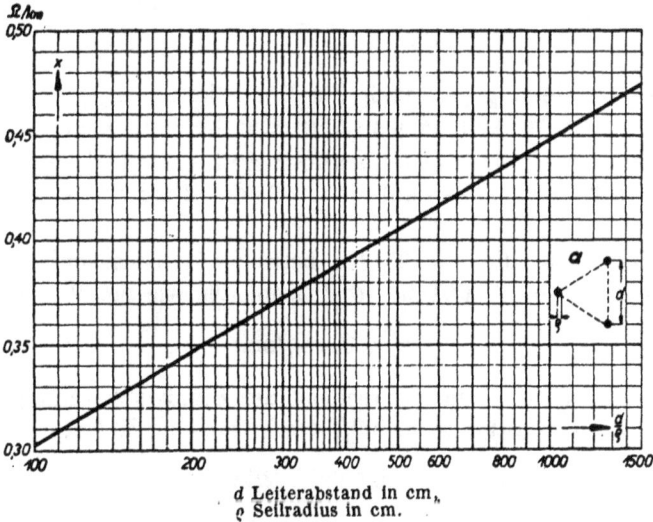

d Leiterabstand in cm,
ϱ Seilradius in cm.

Abb. 23. Blindwiderstand je km und Phasenleiter von Einfach-Drehstromfreileitungen bei 50 Hz nach Langrehr. Die Werte für den Seilradius ϱ können aus den Zahlentafeln I und II auf S. 42 und 43 entnommen werden.

b	c	d	e	f
1,015	1,018	1,026 *)	1,034	1,047

Abb. 24. Umrechnungsziffern für einen Stromkreis bei Doppelleitungen nach Langrehr.
*) Dieser Faktor gilt auch für die umgekehrte Tannenbaumanordnung.

---

[1]) Von einem Blindwiderstand je Phasenleiter kann man eigentlich nur bei ideal verdrillten Leitungen sprechen.
[2]) Der Blindwiderstand x_F kann die Werte zwischen 0,3...0,5 Ω/km haben, vgl. Abb. 23.

der Blindwiderstand nur dann bestimmen, wenn Angaben über Leiterabstand, Seilradius und Leiteranordnung zur Verfügung stehen. Er
setzt sich zusammen aus der Selbstinduktion des Leiters und der gegenseitigen Induktion durch die anderen Leiter. Formeln zur genauen
Berechnung des induktiven Widerstandes von Freileitungen für verschiedene Leiteranordnungen sind in den entsprechenden Lehrbüchern
und Fachzeitschriften der Elektrotechnik enthalten[1]).

Abb. 23 zeigt die Werte x_F des Blindwiderstandes von Einfach-
leitungen in Abhängigkeit von d/ϱ. Darin bedeuten d den Leiterabstand
in cm und ϱ den Seilradius in cm. Sind die Leiterabstände ungleich,
so führt man das geometrische Mittel der einzelnen Entfernungen ein

$$d = \sqrt[3]{d_{12} \cdot d_{23} \cdot d_{31}}. \quad \ldots \ldots \ldots \quad (24)$$

Diese Darstellung gilt auch für Doppelleitungen, sofern die Umrechnungsziffern in Abb. 24 zur Korrektur herangezogen werden[2]).

Die Verlegung eines oder mehrerer Erdseile sowie die Höhe der
Leiter über der Erde haben auf die Größe des Blindwiderstandes keinen
Einfluß.

Freileitungen, die mit 25 Hz betrieben werden, haben nur den
halben induktiven Widerstand je Phasenleiter wie bei 50 Hz, also

$$x_F' \approx 0{,}2 \; \varOmega/\mathrm{km}.$$

Bei $16^2/_3$ Hz beträgt dementsprechend der Blindwiderstand je Phasenleiter im Durchschnitt nur noch $^1/_3$ des Wertes bei 50 Hz, d. h.

$$x_F'' \approx 0{,}133 \ldots \varOmega/\mathrm{km}.$$

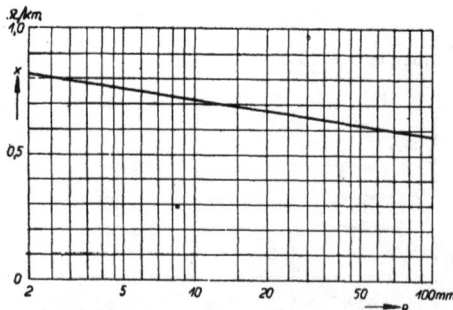

Abb. 25. Blindwiderstand einer Schleife: Leiter-Erde
je km nach O. Mayr (ϱ Seilradius in mm) bei 50 Hz.

Bei Leitungen gleicher Bauart
hängt die Größe des Blindwiderstandes demnach nur von der
Frequenz f ab.

Der induktive Widerstand
einer Schleife: Leiter-Erde ist
in Abb. 25 dargestellt. Er ist
von der Höhe der Leiter über
Erde innerhalb der üblichen
Grenzen unabhängig. Bei Fre-
quenzen f', die von 50 Hz ab-

[1]) B. Katzenberger, ETZ 1936, S. 1377; ETZ 1909, S. 1155; A. Schwaiger,
Hochspannungsleitungen, Verlag R. Oldenbourg 1931; O. Burger, Berechnung
von Drehstrom-Kraftübertragungen, Verlag J. Springer 1927; Hütte.
[2]) H. Langrehr, Rechnungsgrößen für Hochspannungsanlagen, AEG-Mitt.
1927, S. 452.

weichen, jedoch nicht über 200 Hz liegen, muß man für ϱ (Seilradius in mm) als Abszissenwert

$$\varrho' = \varrho \cdot \frac{f'}{50} \quad \cdots \cdots \cdots \quad (25)$$

einsetzen.

Die Induktivität der Schleife: Leiter-Erde ermittelt man aus der Formel[1]

$$L = 0{,}2 \cdot \left[\ln \frac{0{,}178}{\varrho \cdot \sqrt{\varkappa \cdot f \cdot 10^{-9}}} + 0{,}5\right] \cdot 10^{-3} \ \text{H/km}, \quad \cdots \quad (26)$$

in der $\varkappa$ die Leitfähigkeit des Erdbodens ($\varkappa = 10^{-4}$ Siemens/cm) und ϱ den Seilradius in cm bedeuten.

Der Blindwiderstand einer Schleife: Leiter-Erde ist dem Blindwiderstand der Schleife: Leiter-Leiter beim zweipoligen Kurzschluß nahezu gleich. In der Praxis, d. h. bei der Kurzschlußstromberechnung (Doppelerdschluß oder einpoliger Kurzschluß) und bei der Auslegung der Distanzrelais werden diese Werte gewöhnlich gleich groß angenommen.

6. Blindwiderstand eines Drehstromkabels je km und Phasenleiter.

Die Blindwiderstandswerte verseilter Drehstromkabel sind aus den Kurventafeln der Abb. 26 und 27 ersichtlich. Die Abb. 26 bezieht sich auf Kabel mit Gürtelisolation, die Abb. 27 dagegen auf solche in H-Ausführung, die bekanntlich über der Papierisolation metallisiert sind. Die Blindwiderstände x stellen teils errechnete, teils gemessene Werte von mehreren deutschen Kabelwerken dar.

In diesen Kurventafeln ist der Blindwiderstand der Bequemlichkeit halber als Funktion der Nennspannung aufgetragen, für welche die Kabel hergestellt sind. Eigentlich müßte auf der Abszissenachse die Isolationsstärke,

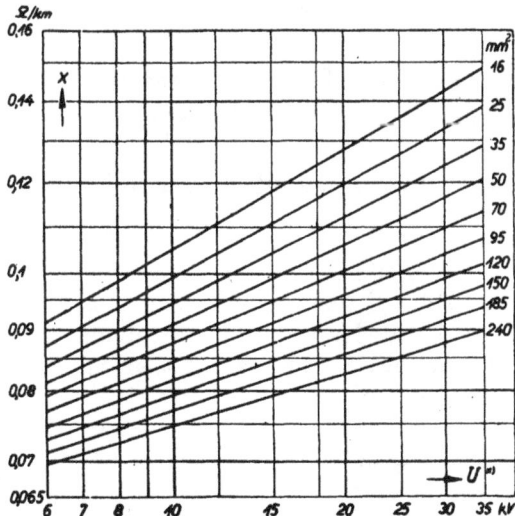

Abb. 26. Blindwiderstand je km und Phasenleiter von normalen Drehstromkabeln bei 50 Hz.

*) U ist die Nennspannung, für welche die Kabel hergestellt sind.

---

[1] F. Ollendorff, Erdströme, Verlag J. Springer 1928, S. 118.

d. h. die Dicke der Isolierschicht zwischen den Leitern angegeben sein. Aus praktischen Gründen empfiehlt sich jedoch die angewendete Darstellungsart, obwohl sie physikalisch nicht streng richtig ist.

Berechnet wird der induktive Widerstand eines Kabels ebenso wie bei einer Freileitung aus der allgemeinen Beziehung

$$x_k = \omega L,$$

worin $\omega = 314$ die Kreisfrequenz und L die Induktivität in H/km bedeuten. Die Induktivität ergibt sich bekanntlich aus dem Abstand, der

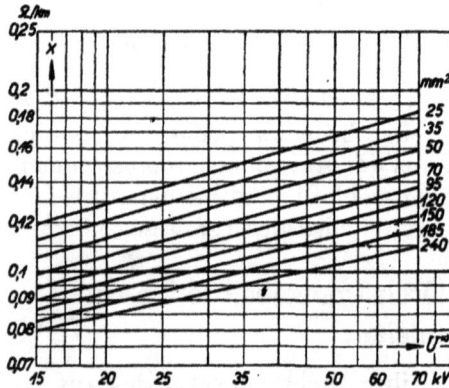

Abb. 27. Blindwiderstand je km und Phasenleiter von Drehstromkabeln in H-Ausführung bei 50 Hz.
*) U ist die Nennspannung, für welche die Kabel hergestellt sind.

gegenseitigen Lage und dem Radius der Stromleiter.

Bei Mehrleiterkabeln ist die Induktivität infolge der wesentlich kleineren Leiterabstände viel kleiner als bei Freileitungen unter sonst gleichen Bedingungen (vgl. die Werte in den Abb. 23, 26 u. 27). Einleiterkabel für Drehstrombetrieb dagegen haben je nach dem Achsenabstand der Leiter Blindwiderstandswerte, die zwischen denen verseilter Drehstromkabel und den Werten von Freileitungen liegen.

Der Einfluß der Frequenz auf die Größe des Blindwiderstandes ist der gleiche wie bei den Freileitungen, d. h. x ist proportional f.

7. Wirkwiderstand einer Freileitung bzw. eines Kabels je km und Phasenleiter.

Als Leitermaterial kommen in elektrischen Netzen praktisch nur die Metalle Kupfer und Aluminium zur Anwendung. Für kleinere Leiterquerschnitte bis etwa 16 mm² nimmt man Draht, für stärkere Querschnitte Seile. Bei sehr hohen Spannungen benutzt man für Freileitungen und Kabel auch Hohlseile.

Den Wirkwiderstand[1] r eines Leiters in einem Kabel oder einer Freileitung in Ohm je km berechnet man nach der Formel

$$r = \frac{l \cdot 1000}{\varkappa \cdot F} \quad \ldots \ldots \ldots \ldots \quad (27)$$

---

[1] Bei allen nachstehenden Ausführungen wird zwischen Wirkwiderstand und Ohmschem Widerstand (Gleichstromwiderstand) kein Unterschied gemacht.

Hierin bedeuten:

l die Länge des Leiters in km,
F den Querschnitt des Leiters in mm²,
$\varkappa$ die elektrische Leitfähigkeit des Leitermaterials in $\dfrac{m}{\Omega \cdot mm^2}$.

Die Leitfähigkeit ist:

a) bei Freileitungen:

für Kupfer . . . . $\varkappa = 56$ ⎫
für Aluminium . . . . . $\varkappa = 34,5$ ⎬ bei 20° C
für Aldrey . . . . $\varkappa = 30$ ⎭

b) bei Kabeln:

für Kupfer . . . . $\varkappa = 51$ ⎫ bei 40° C
für Aluminium . . . . . $\varkappa = 31$ ⎭

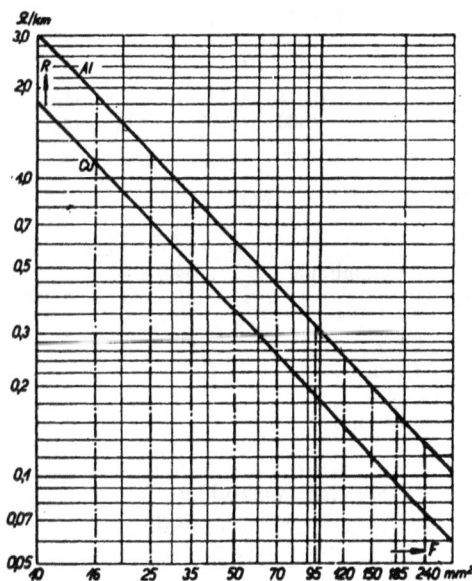

Abb. 28. Wirkwiderstand je km und Leiter von Freileitungen bei 20° C.

Die Kurventafeln in Abb. 28 und 29 zeigen die Größe des Wirkwiderstandes von Freileitungen und Kabeln als Funktion der Leiterquerschnitte. Der Wirkwiderstand von Freileitungen aus Kupfer, Aluminium, Aldrey und Stahl-Aluminium ist außerdem in den Zahlentafeln I und II angegeben.

Zahlentafel I.

Aufbau und Wirkwiderstand (Ohmscher Widerstand) normaler Kupfer-,
Reinaluminium- und Aldreyseile nach DIN VDE 8201.

Nenn-querschnitt in mm²	Seildurchmesser (Nennwert) mm	Ohm je km bei + 20° C			Leitwertgleicher Kupferquerschnitt in mm²	
		Kupfer	Reinaluminium	Aldrey	Reinaluminium	Aldrey
10	4,1	1,785	—	—	—	—
16	5,1	1,122	—	—	—	—
25	6,3	0,737	1,198	1,378	14,9	13,0
35	7,5	0,525	0,853	0,982	20,9	18,2
50[1])	9,0	0,364	0,592	0,682	30,2	26,3
50[2])	9,0	0,372	0,604	0,695	29,6	25,7
70	10,5	0,271	0,439	0,505	40,7	35,4
95	12,5	0,192	0,312	0,359	57,2	49,8
120	14,0	0,153	0,248	0,285	72,1	62,7
150	15,8	0,122	0,197	0,227	90,5	78,5
185	17,5	0,098	0,159	0,183	112	97,5
240[3])	19,6	0,078	0,127	0,146	140,5	122
240[4])	20,3	0,074	0,119	0,137	149,5	130
300	22,5	0,060	0,097	0,111	184	160

Annahmen:

Elektrische Leitfähigkeit (Mindestwerte) von

a) Kupfer . . . . 56 $\dfrac{m}{\Omega \cdot mm^2}$

b) Reinaluminium . . . 34,5 »

c) Aldrey . . . . 30 »

[1]) 7 drähtig (eine Lage).
[2]) 19 drähtig (zwei Lagen).
[3]) 37 drähtig (drei Lagen).
[4]) 61 drähtig (vier Lagen).

Der tatsächliche Wert des Wirkwiderstandes ist unter Umständen
infolge der Stromverdrängung (Skineffekt) größer als der errechnete
Wert. Diese Zunahme des Widerstandes macht sich um so stärker bemerkbar, je höher die Periodenzahl des Wechselstromes ist.

Erheblicher als durch die Stromverdrängung wächst der Wirkwiderstand durch Erwärmung bei Überlastung und bei Kurzschluß.
So steigt z. B. der Wirkwiderstand eines Cu-Leiters bei einer Temperatur-
zunahme von 15 auf 65° um etwa 20%. Bei 250° C tritt bereits eine Ver-
doppelung des Wirkwiderstandes ein.

Die Widerstandszunahme durch Erwärmung und Stromverdrängung
wird in der Praxis bei der Berechnung von Kurzschlußströmen in den

Zahlentafel II.

Aufbau und Wirkwiderstand von Stahl-Aluminiumseilen nach den DIN VDE 8204.

Nennquerschnitt in mm²	Gesamtseildurchmesser mm	Ohm je km bei 20° C	Leitwertgleicher Kupferquerschnitt in mm²
16	5,4	1,895	9,5
25	6,8	1,219	14,8
35	8,1	0,845	21,3
50	9,6	0,600	30,0
70	11,6	0,438	41,2
95	13,4	0,322	56,0
120	15,7	0,237	76,2
150	17,3	0,195	93,0
185	19,2	0,158	114,0
210	20,5	0,139	130,0
240	21,7	0,123	147,0
300	24,2	0,098	183,0

Annahmen:

Elektrische Leitfähigkeit von Aluminium: 34,5 m/Ohm · mm² (Mindestwert).
Nur der Aluminiummantel wird als leitend angenommen.

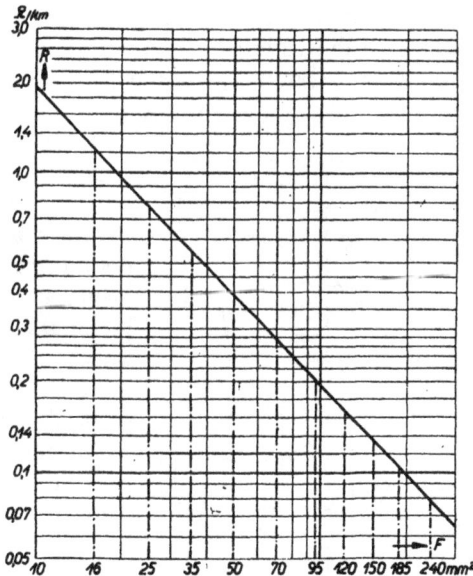

Abb. 29. Wirkwiderstand je km und Phasenleiter von Cu-Kabeln bei 40° C.

allermeisten Fällen nicht berücksichtigt. Dieses Verfahren ist wenigstens hinsichtlich der Erwärmung nicht immer gerechtfertigt.

Bei Doppelerdschluß in einem Netz nimmt der Kurzschlußstrom seinen Weg in der Erde längs der kranken Leitungen zwischen den beiden

Erdschlußpunkten (Abb. 19). Der **Erdwiderstand**, d. h. der Wirkwiderstand der Strombahn im Erdboden, ergibt sich bei homogenem Erdbereich je km zu

$$r_e = \omega \cdot \frac{\pi}{2} \cdot 10^{-4} = \pi^2 \cdot f \cdot 10^{-4} \; \Omega/\text{km} \quad \ldots \ldots \quad (28)$$

Bezieht man den Widerstand r_e auf eine dünne leitende Erdschicht, die beispielsweise über einer Felsschicht liegt, so gilt die Formel

$$r_e' = 2 \cdot \pi^2 \cdot f \cdot 10^{-4} \; \Omega/\text{km} \quad \ldots \ldots \ldots \quad (28a)$$

Der Erdwiderstand ist frequenzabhängig und beträgt demnach bei 50 Hz etwa 0,05...0,1 Ohm/km. Der **Übergangswiderstand** an den Erdschlußstellen bewegt sich je nach der Güte des Überganges zwischen etwa 10 und 200 Ohm.

Bezüglich der Wirkwiderstände von Generatoren, Transformatoren und Kurzschlußdrosselspulen siehe die Ausführungen auf den Seiten 14, 49 u. 52.

8. Widerstand des Kurzschlußlichtbogens[1]).

In der Praxis, insbesondere im Zusammenhang mit der Auslegung und Planung von Distanzschutzeinrichtungen sowie bei der Kurzschlußstromberechnung, wird der elektrische Lichtbogen allgemein als Widerstand behandelt und als Quotient aus der effektiven Lichtbogenspannung und dem effektiven Lichtbogenstrom definiert, wobei nur die Grundwellen von Strom und Spannung berücksichtigt werden. Wenn man von der scheinbaren Phasenverschiebung zwischen Strom und Spannung im Lichtbogen absieht, die im wesentlichen durch die Verzerrung der Spannungs- und Stromkurven hervorgerufen wird, dann ist der Lichtbogenwiderstand als reiner Wirkwiderstand aufzufassen;

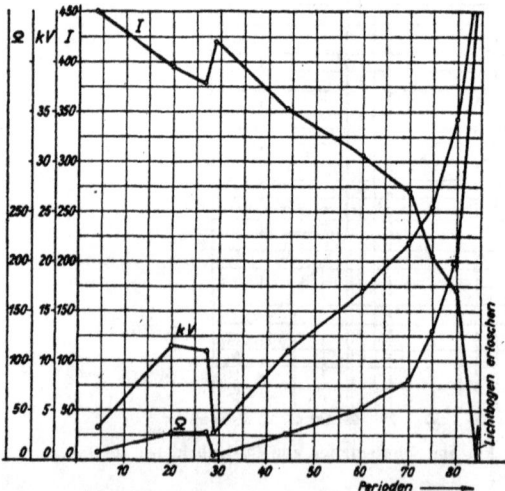

Abb. 30. Lichtbogenwiderstand und Lichtbogenspannung in Abhängigkeit von Strom und Zeit. Auswertungen von oszillographischen Aufnahmen im 60 kV-Netz der Preußenelektra, Kassel. Leiterabstand 1,75 m, Witterung — sehr windig. Bei der 27. Periode erfolgt Kürzung der Lichtbogenlänge, mit der 84. Periode erlischt der weit ausgezogene Lichtbogen.

[1]) Ausführlicher s. in M. Walter, Der Selektivschutz nach dem Widerstandsprinzip, Verlag R. Oldenbourg, München 1933.

denn der Lichtbogen weist auch bei den größten Ausbuchtungen (Lichtbogen-Stromschleifen) noch keinen nennenswerten Betrag von Selbstinduktion auf.

Die Größe des Lichtbogenwiderstandes hängt stark von der Kurzschlußstromstärke, der Elektrodenbeschaffenheit, der Lichtbogenlänge und vielfach auch von der Brenndauer ab.

Bei hohen Kurzschlußströmen ist der Lichtbogenwiderstand infolge der stärkeren Erhitzung und mithin stärkeren Ionisierung der Lichtbogenbahn niedriger als bei kleinen Kurzschlußströmen. Ausführliche Messungen in Amerika haben gezeigt, daß die Widerstandsabnahme allerdings bei etwa 800 A schon aufhört.

Das Elektrodenmaterial hat auf die Größe des Lichtbogenwiderstandes insofern Einfluß, als sich bei den gebräuchlichen Metallen, wie Kupfer, Aluminium und Eisen, die Elektronenemission unter sonst gleichen Voraussetzungen verschieden stark ausbildet. Hierbei dürften wohl Leitfähigkeit und Schmelz-

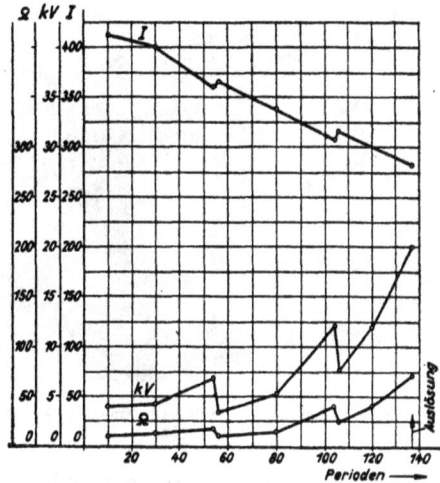

Abb. 31. Lichtbogenwiderstand und Lichtbogenspannung in Abhängigkeit von Strom und Zeit. Auswertungen von oszillographischen Aufnahmen im 100 kV-Netz der Preußenelektra, Kassel. Phasenabstand 2.4 m, Witterung — etwas windig. Bei der 55. und 105. Periode Kürzung der Lichtbogenlänge. Nach 137 Perioden erfolgt Abschaltung.

punkt des Leitermaterials eine gewisse Rolle spielen. Stärkere Elektronenemission hat eine bessere Ionisierung der Lichtbogenbahn und mithin einen geringeren Lichtbogenwiderstand zur Folge. So ist z. B. nachgewiesen, daß der Lichtbogenwiderstand zwischen Kupferelektroden höher ist als zwischen Eisenelektroden[1]. Messungen haben ergeben, daß bei einem in Luft brennenden Lichtbogen im

Abb. 32. Lichtbogen-Kurzschluß in einem 5 kV-Kabelnetz.

[1]) Vgl. a. K. Draeger, Mitt. Porz.-Fabrik Ph. Rosenthal, Verlag J. Springer, Berlin 1930. S. a. A. Schmolz, ETZ 1929, S. 459.

ersten Fall Spannungsabfälle von 25 V/cm, im zweiten Fall nur etwa 15 V/cm zustande kommen[1]).

Mit zunehmender Lichtbogenlänge wird der effektive Stromkanal immer enger, und mithin der Widerstand des Lichtbogens größer.

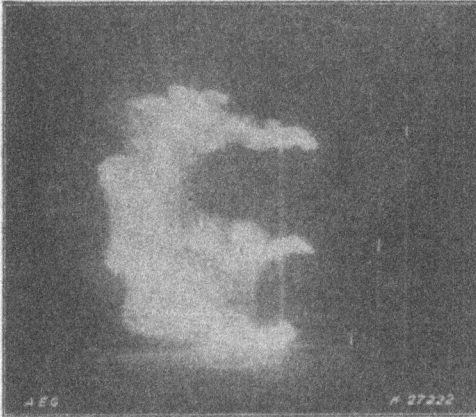

Abb. 33. Lichtbogen-Kurzschluß in einem 30 kV-Freileitungsnetz.

Von anfänglich kleinen Werten steigt dieser dabei in zakkigem Verlauf in 1...3 s allmählich an, um dann, insbesondere kurz vor dem Abreißen, rasch auf sehr hohe Werte überzugehen (Abb. 30 und 31). Bemerkenswert ist außerdem, daß entsprechend dem wiederholten flatternden Aufsteigen und Zusammenfallen des Lichtbogens der Lichtbogenwiderstand ebenfalls zu- und abnimmt.

Je länger die Brenndauer ist, desto mehr Zeit hat der Lichtbogen, sich auszudehnen (vgl. Abb. 33 u. 34). Sein Gesamtwiderstand wird dadurch größer.

Richtung und Form des Lichtbogens werden in erheblichem Maße durch die elektrodynamische Kraftwirkung, den Wärmeauftrieb und

Abb. 34. Lichtbogen-Kurzschluß in einem 45 kV-Freileitungsnetz.

---

[1]) Siehe die Ausführungen von K. Draeger, H. Müller und R. Rüdenberg in den VDE-Fachberichten 1929, S. 51.

besonders stark durch den Wind beeinflußt, und zwar im Sinne einer Vergrößerung der Lichtbogenschleife.

In Kabelnetzen ist der Lichtbogenwiderstand sehr gering, da hier die Kurzschlußströme relativ groß und die Leiterabstände sehr klein sind (Abb. 32). Es sei an dieser Stelle besonders darauf hingewiesen, daß selbst auch beim satten Kurzschluß eines Drehstromkabels zwischen den Elektroden infolge des sehr hohen Gasdruckes meistens noch eine Spannung von etwa 200...300 V bestehen bleibt[1]), und zwar unabhängig von der Höhe der Netzbetriebsspannung. Eine wesentliche Rolle spielt dabei natürlich auch der Kathoden- und Anodenfall.

In Mittelspannungs-Freileitungsnetzen (3...40 kV) ist der Lichtbogenwiderstand zwar schon wesentlich höher, hält sich aber immer noch in mäßigen Grenzen, so daß er selbst beim Selektivschutz nach dem Impedanzprinzip die Ablaufzeit nur unwesentlich vergrößert.

Anders liegen die Verhältnisse in Höchstspannungs-Freileitungsnetzen (50...220 kV), bei denen die Kurzschlußströme im allgemeinen wesentlich kleiner ausfallen, die Leiterabstände dagegen verhältnismäßig groß sind. Hier können die Lichtbogenwiderstände, wie schon oben ausgeführt, sehr hohe Werte annehmen, insbesondere kurz vor dem Abreißen des Lichtbogens (vgl. a. Abb. 30 u. 31).

Anhaltspunkte für den Wert des Lichtbogenwiderstandes in Freileitungsnetzen erhält man aus der nachstehenden Formel

$$r_L = \frac{U_L}{I_k} = \frac{a \cdot l}{I_k}, \quad \ldots \ldots \ldots \ldots (29)$$

in der U_L die gesamte Lichtbogenspannung in V, I_k den Kurzschlußstrom in A, $a = 25$ V/cm die Spannung des Lichtbogens je cm Länge und l die Lichtbogenlänge in cm bedeuten. So beträgt z. B. der Lichtbogenwiderstand bei einer 100 kV-Leitung mit 300 cm Leiterabstand und einem Kurzschlußstrom von 150 A (während der ersten 20 Perioden) etwa

$$r_L \approx \frac{25 \cdot 300}{150} \approx 50 \, \Omega,$$

ein Wert, der in verschiedenen 100 kV-Netzen durch oszillographische Messungen festgestellt wurde.

Das Selbsterlöschen vieler Lichtbogen dürfte darauf zurückzuführen sein, daß die von ihnen erzeugte Wärme kleiner wird als die von ihrer Oberfläche ausgestrahlte; das Gleichgewicht wird also gestört. Erfahrungen aus der Praxis lehren, daß die Lichtbogen dann von selbst erlöschen, wenn ihre Spannung auf 40...60% der Netzbetriebsspannung steigt.

---

[1]) S. a. J. Biermanns, Überströme in Hochspannungsanlagen, Verlag J. Springer, Berlin 1926, S. 403.

9. Scheinwiderstand eines Anlageteiles sowie einer gesamten Kurzschlußstrombahn.

Zur Errechnung der Kurzschlußströme genügt in den meisten Fällen die ausschließliche Berücksichtigung der induktiven Blindwiderstände des Kurzschlußpfades. In Fällen jedoch, in denen der Wirkwiderstand die Größenordnung des Blindwiderstandes (der gesamten Kurzschlußstrombahn) erreicht oder übersteigt ($r \geq x$), muß der Scheinwiderstand in die Berechnung eingesetzt werden.

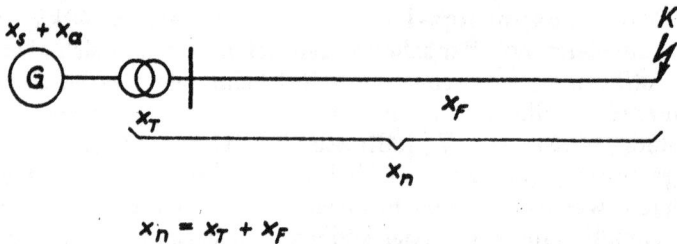

$$x_n = x_T + x_F$$

Abb. 35. Netzblindwiderstand x_n.

Liegen die Werte der Wirk- und Blindwiderstände von Anlageteilen aus Berechnungen oder aus Zahlen- bzw. Kurventafeln vor, so ermittelt man für die einzelnen Anlageteile den Scheinwiderstand[1]) in Ohm je Phasenleiter nach der Beziehung:

$$z = \sqrt{r^2 + x^2}. \qquad\ldots\ldots\ldots\ldots (30)$$

Für die gesamte Kurzschlußbahn ergibt sich dann der resultierende Scheinwiderstand je Phasenleiter zu

$$z' = \sqrt{\Sigma r^2 + \Sigma x^2} = \sqrt{r_n^2 + (x_s + x_a + x_n)^2}. \qquad\ldots\ldots (31)$$

Hierin bedeuten: r_n den gesamten Wirkwiderstand der Kabel und Freileitungen[2]), x_s den Gesamtstreu-Blindwiderstand und x_a den Ankerrückwirkungs-Blindwiderstand der Maschinen und x_n den Netzblindwiderstand (Netzreaktanz). Unter Netzblindwiderstand x_n versteht man die Summe sämtlicher Leitungs- und Transformator-Blindwiderstände je Phase im Zuge der Kurzschlußstrombahn, bezogen auf die Nennspannung des gestörten Anlageteiles (vgl. Abb. 35). Der Netzwirkwiderstand r_n wird sinngemäß definiert, desgleichen auch der Netzscheinwiderstand z_n.

---

[1]) Der Scheinwiderstand der einzelnen Anlageteile, z. B. Kabel- oder Freileitungsstrecken, wird vielfach für die Auslegung der Zeitkennlinien von Impedanzrelais benötigt.

[2]) Mitunter muß auch der Lichtbogenwiderstand berücksichtigt werden, s. a. die Ausführungen im Abschnitt 8 dieses Kapitels.

Die Wirkwiderstände der Generatoren, Transformatoren und Kurzschluß-Drosselspulen sind (besonders bei größeren Einheiten) im Verhältnis zu ihren Blindwiderständen sehr klein, so daß sie bei der Kurzschlußstromberechnung vernachlässigt werden können.

Die Scheinwiderstände von Drehstrom-Freileitungen können auch der Abb. 36 entnommen werden.

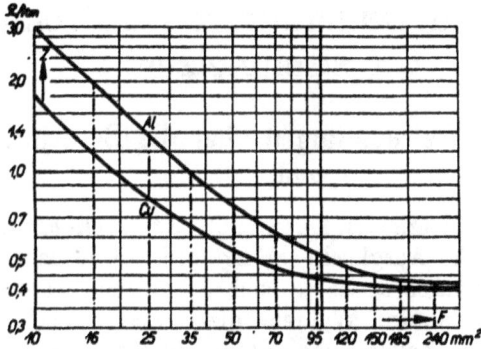

Abb. 36. Scheinwiderstand von Einfach-Drehstromfreileitungen je km und Leiter bei $+20°$ C und 50 Hz unter Zugrundelegung eines Blindwiderstandes je Phasenleiter von $x_P = 0,4$ Ω/km. (Für Doppelleitungen gelten praktisch die gleichen Werte je Phasenleiter.)

D. Stoß- und Dauerkurzschlußströme in Drehstromnetzen.

1. Allgemeine Betrachtungen über die Berechnung der Kurzschlußströme.

Nach jedem plötzlichen Kurzschluß treten bekanntlich in einem Netz elektromagnetische Ausgleichvorgänge auf, die je nach der Bauart der speisenden Maschinen sowie je nach Lage und Art des Kurzschlusses praktisch 1...3 s dauern. Während dieser Zeit vollzieht sich der Abbau des ursprünglichen magnetischen Hauptfeldes im Luftspalt der Maschinen. Dieser Abbau findet erst dann ein Ende, wenn sich ein Gleichgewichtszustand zwischen der vom restlichen Hauptfeld in der Ständerwicklung induzierten Spannung einerseits und dem Ohmschen und induktiven Spannungsabfall des gesamten Kurzschlußstromkreises andererseits hergestellt hat. Es entsteht ein neuer stationärer Zustand, welcher gewöhnlich erst durch das Abschalten des betroffenen Anlageteiles wieder aufgehoben wird. Dieser stationäre Zustand wird natürlich in gewissem Sinne auch durch die selbsttätigen Regler des mechanischen und elektrischen Teiles der Maschinen beeinflußt.

Beim Kurzschlußstrom unterscheidet man nach seinem zeitlichen Verlauf den Stoßkurzschlußstrom und den Dauerkurzschlußstrom. Der Stoßkurzschlußstrom beginnt unmittelbar nach Eintritt des Kurzschlusses und klingt allmählich, wie schon erwähnt, in etwa 1...3 s auf einen stationären Wert ab. Dieser stationäre Wert ist der Dauerkurzschlußstrom (vgl. a. die Abb. 40 u. 41). Berechnet werden die Kurzschlußströme grundsätzlich nach dem Ohmschen Gesetz für Wechselstrom.

Für die Ermittlung der Kurzschlußströme wird gewöhnlich eine konstante Erregung der Maschinen zugrunde gelegt, und zwar die Erregung bei Vollast und bei einem bestimmten cos φ. Besitzen die Generatoren selbsttätige Spannungs- und Stromregler, die bei Kurzschluß darauf hinarbeiten, die Spannung zu erhalten bzw. herabzudrücken, indem sie die Erregung verstärken oder schwächen, so muß der errechnete Kurzschlußstrom entsprechend erhöht oder vermindert werden; weitere Angaben hierfür siehe auf S. 65.

In den meisten Fällen der Praxis, insbesondere bei Kurzschlüssen in der Nähe der Kraftwerke, genügt es, bei der Kurzschlußstromberechnung lediglich den Blindwiderstand der Kurzschlußbahn zu berücksichtigen, da der Gesamtwirkwiderstand fast immer nur einen Bruchteil des Gesamtblindwiderstandes ausmacht und außerdem in der Formel für den Scheinwiderstand

$$z = \sqrt{\Sigma r^2 + \Sigma x^2} \quad \dots \dots \dots \dots \quad (32)$$

sogar in der zweiten Potenz erscheint, so daß sein Einfluß auf die vom Blindwiderstand abhängige Größe des Kurzschlußstromes meistens doch ohne Bedeutung bleibt.

Die Blindwiderstände der einzelnen Anlageteile, wie Maschinen, Umspanner, Kurzschluß-Drosselspulen, Freileitungen und Kabel werden zweckmäßigerweise je Phasenleiter ermittelt, und zwar zunächst für die Nennspannung des betreffenden Anlageteiles selbst. Danach müssen sie, falls verschiedene Nenn-Betriebsspannungen vorhanden sind, auf die Betriebsspannung desjenigen Anlageteiles umgerechnet werden, bei dem die Störung angenommen wird. Diese Umrechnung der Blindwiderstände auf eine einheitliche Spannung erfolgt durch Multiplikation des zuerst ermittelten Widerstandswertes mit dem Quadrat des Verhältnisses der entsprechenden Spannungen nach der bekannten Formel

$$x_1' = x_1 \left(\frac{U_2}{U_1}\right)^2 . \quad \dots \dots \dots \dots \quad (33)$$

So beträgt z. B. in Abb. 37 der Blindwiderstand x_1 der 60 kV-Leitung je Phasenleiter 40 Ohm, und auf die Nenn-Betriebsspannung der kranken 15 kV-Leitung bezogen nur noch

$$x_1' = 40 \left(\frac{15}{60}\right)^2 = 2,5 \, \Omega.$$

Weitere Umrechnungsbeispiele siehe im Kapitel H unter 4. Die Wirkwiderstände können natürlich in der gleichen Art umgerechnet werden.

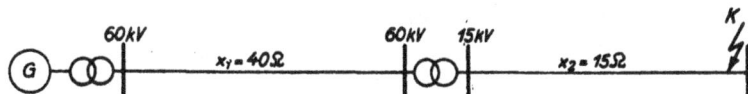

Abb. 37. Beispiel einer Anlage, bei der eine Umrechnung der Blindwiderstände auf eine einheitliche Betriebsspannung erfolgen muß.

Zur Vereinfachung des Rechnungsganges kann man die Blindwiderstandswerte der Maschinen und Umspanner auch von vornherein, d. h. ohne umzurechnen, auf die Betriebsspannung des gestörten Anlageteiles beziehen (vgl. z. B. das Zahlenbeispiel auf S. 128). Dabei ergeben sich jedoch etwas kleinere Endwerte, hauptsächlich deswegen, weil die Streu- und Ankerrückwirkungs-Blindwiderstände der Maschinen in diesem Falle nicht mehr für den eigentlichen Nennwert U der Maschinenspannung ermittelt werden, der gewöhnlich um 5% höher liegt als die Netz-Nennspannung U_n.

In Ausnahmefällen, z. B. bei Kurzschlüssen auf langen Stichleitungen von Kabelnetzen und Mittelspannungs-Freileitungsnetzen, kann der Gesamt-Wirkwiderstand der Kurzschlußbahn die Größenordnung des Gesamt-Blindwiderstandes erreichen. In solchen Fällen ist es erforderlich, in die Formeln für die Berechnung der Kurzschlußströme den Gesamt-Scheinwiderstand einzusetzen. Grundsätzlich ist jedoch zu beachten, daß der Wirkwiderstand von Generatoren, Transformatoren und Kurzschluß-Drosselspulen, insbesondere bei größeren Einheiten, im Verhältnis zu ihrem Blindwiderstand sehr klein ist, so daß er bei der Kurzschlußstromberechnung in Hochspannungsnetzen stets vernachlässigt werden kann.

In Kabel- und Mittelspannungs-Freileitungsnetzen kommt es ferner häufig vor, daß die Gesamtleistung der vorgelagerten Kraftwerke im Verhältnis zur Durchgangs-Nennleistung der Netze oder ihrer Teile sehr groß ist. Infolge dieses Umstandes bleibt bei Kurzschlüssen in derartigen Netzen an den Sammelschienen der Übergabestationen praktisch die volle Netz-Betriebsspannung als starre Spannung bestehen. Man nimmt also eine widerstandslose Stromquelle an. Für die Berechnung der Kurzschlußströme in solchen Fällen ist die Ermittlung des Scheinwiderstandes und mithin des Wirkwiderstandes unerläßlich (vgl. auch die Ausführungen auf S. 68).

Zum Gesamtwiderstand einer Kurzschlußbahn gehören auch die Übergangswiderstände an den Klemmstellen sowie die Blindwiderstände der Primärrelais, Stromwandler- und Überspannungs-Drosselspulen. In Hochspannungsnetzen werden diese Widerstände, ebenso wie die Widerstandserhöhung durch Erwärmung, und oft auch der Lichtbogenwiderstand bei der Berechnung der Kurzschlußströme vernachlässigt, da sie den Blind- bzw. Scheinwiderstand der gesamten Kurzschlußbahn meistens nur unwesentlich vergrößern. Außerdem sind die genannten Widerstände fast nie bekannt und kaum zu ermitteln.

Anders liegen die Verhältnisse in **Niederspannungsnetzen** mit einer verketteten Spannung von 500 V oder weniger. Hier müssen die genannten Widerstände unbedingt berücksichtigt werden, da man sonst mitunter den zwei- bis dreifachen Wert des wirklichen Kurzschlußstromes errechnen würde. Diese Tatsache ist in ausgeführten Anlagen an Hand zahlreicher oszillographischer Aufnahmen anläßlich von Versuchen mit Kleinautomaten festgestellt worden. Auf die Größe des Kurzschlußstromes in Niederspannungsnetzen dürften auch die Eisenteile (Gerüste sowie Grundplatten und Gestelle der Schalter usw.) einen gewissen Einfluß ausüben, da sie die Induktivität der Kurzschlußbahn mancherorts bestimmt nicht unbeträchtlich vergrößern, zumal die

Ströme in solchen Anlagen oft sehr groß sind und mithin auch das magnetische Feld.

Für die Ermittlung des Kurzschlußstromes bei Doppelerdschluß sind die allgemeinen Berechnungsarten des zweipoligen Kurzschlusses maßgebend, nur muß beim Doppelerdschluß der Blindwiderstand der Schleife: Leiter-Erde zwischen den beiden Fehlerstellen dem normalen Blindwiderstand der Schleife: Leiter-Leiter außerhalb der Fehlerstellen hinzugefügt werden (vgl. z. B. Abb. 19).

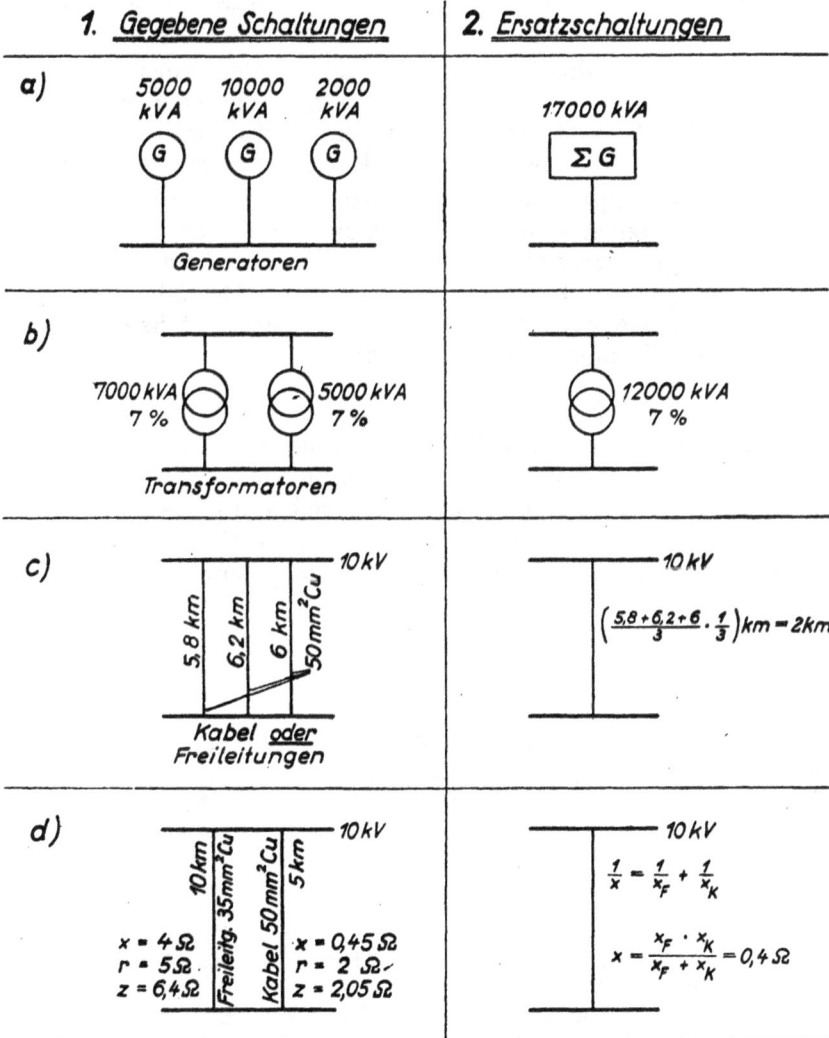

Abb. 38. Parallelschaltung von Generatoren, Transformatoren und Leitungen.

Allgemein ist für die Berechnung der Kurzschlußströme noch die Beachtung folgender Grundsätze[1]) ratsam (vgl. Abb. 38).

a) Parallelgeschaltete Generatoren, die unmittelbar auf eine gemeinsame Sammelschiene arbeiten, können durch einen einzigen Generator mit der Summenleistung ersetzt werden (Ersatzgenerator).

b) Parallel arbeitende Transformatoren mit annähernd gleicher prozentualer Kurzschlußspannung u_k können zu einem einzigen Transformator mit der Summenleistung und der gleichen prozentualen Kurzschlußspannung zusammengefaßt werden (Ersatztransformator).

c) Parallelgeschaltete Leitungen gleicher Beschaffenheit können durch eine einzige Leitung mit einer Länge gleich dem arithmetischen Mittelwert der einzelnen Längen, dividiert durch die Anzahl der parallelgeschalteten Leitungen, ersetzt werden.

d) Bei parallelgeschalteten Leitungen verschiedener Beschaffenheit müssen zunächst die Widerstände (x, r oder z) der einzelnen Leitungen ermittelt werden. Der Ersatzblindwiderstand ergibt sich dann in bekannter Weise nach der in Abb. 38 unter d angeschriebenen Formel. Dort sind der Einfachheit halber nur die Blindwiderstände berücksichtigt.

Liegen bei großem Maschineneinsatz zwischen den speisenden Maschinen und der Kurzschlußstelle verhältnismäßig hohe Widerstände, so daß die Maschinen bzw. ihre Umspanner im Kurzschlußfalle noch eine relativ hohe Klemmenspannung aufweisen, so empfiehlt es sich, auch die Lastströme I_L in den gesunden Netzteilen zu berücksichtigen[2]). Die vektorielle Summe des Gesamtlaststromes ΣI_L und des Kurzschlußstromes I_k an der Kurzschlußstelle ergibt den gesamten Strom I der Maschinen. Es ist demnach

$$I = I_k \,\hat{+}\, \Sigma I_L. \quad \ldots \ldots \ldots \quad (34)$$

Ist der Maschineneinsatz im Kraftwerk sehr groß und bleibt infolgedessen beim Kurzschluß K nach Abb. 39 die Spannung am Sammelschienensystem a starr, d. h. gleich der Netz-Betriebsspannung, dann behalten die Lastströme der gesunden, an der Kurzschlußbahn nicht beteiligten Leitungen die gleiche Größe wie vor dem Eintritt des Kurzschlusses.

---

[1]) S. a. S. A. Weihe, Der Siemens-Schuckert-Kurzschluß-Rechenschieber, Siemens-Zt. 1934, S. 362.

[2]) Soweit sie sich überhaupt ermitteln lassen (ausführlicher s. auf S. 135; s. a. H. Grünewald, ETZ 1935, S. 33; H. Titze, Elektr. Wirtsch. 1933, S. 280; G. Hameister, ETZ 1935, S. 669; A. v. Timascheff, ETZ 1936, S. 1083).

In der Praxis begnügt man sich oft, z. B. für die Auslegung der Distanzschutzeinrichtungen, nur den größten und kleinsten Kurzschlußstrom der Netze an den exponierten Stellen näher zu berechnen. Für die übrigen Netzpunkte lassen sich dann daraus die Kurzschlußströme leicht schätzen.

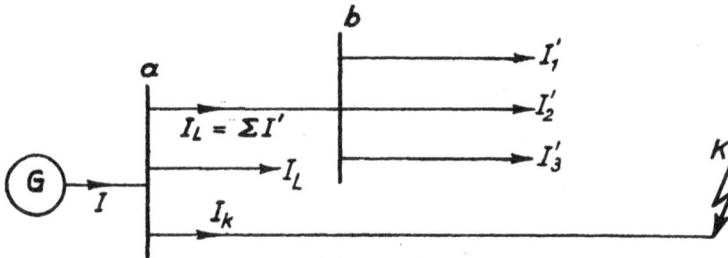

Abb. 39. Gesamtstrom der Maschinen im Kurzschlußfalle: Kurzschlußstrom zuzüglich der Lastströme.

Den größten Kurzschlußstrom ermittelt man unter der Annahme, daß sämtliche Maschinen und Umspanner (zwischen Kraftwerk und Kurzschlußstelle) in Betrieb sind und daß die Fehlerstelle sich in unmittelbarer Nähe des Kraftwerkes befindet.

Der kleinste Kurzschlußstrom ergibt sich beim geringsten Maschineneinsatz und längstem Kurzschlußpfad.

2. Stoßkurzschlußstrom.

a) Allgemeines über den Stoßkurzschlußstrom.

Der Stoßkurzschlußstrom ist der bei einem plötzlichen Kurzschluß auftretende höchste Augenblickswert des Stromes. Er setzt sich im wesentlichen zusammen aus dem Wechsel- und Gleichstromanteil des Ausgleichsstromes sowie aus dem Dauerkurzschlußstrom und entsteht durch gleichsinnige Überlagerung dieser drei Komponenten (REH 1929).

Nach einer neuen Definition besteht der Stoßkurzschlußstrom nur aus zwei Komponenten, dem Stoßkurzschluß-Wechselstrom und dem Stoßkurzschluß-Gleichstrom (REH 1937). Er ist je nach dem Zeitpunkt des Entstehens verschieden groß. Maßgebend für die Praxis ist nur die erste (größte) Amplitude beim ungünstigsten Schaltmoment (Kurzschlußeintritt), d. h. wenn der Kurzschluß etwa beim Nulldurchgang der Wechselspannung stattfindet. Der Stoßkurzschlußstrom wird nur als Scheitelwert angegeben.

Der Stoßstrom hat bei drei-, zwei- und einpoligem Schluß praktisch die gleiche Größe und hängt lediglich ab von der Höhe der jeweiligen Maschinenspannung, der Streuung der speisenden Maschinen und dem Blind- bzw. Scheinwiderstand der äußeren Kurzschlußbahn.

Die Ankerrückwirkung hat auf den Höchststromwert keinen Einfluß, weil sich die schwächende Wirkung des Ankerfeldes auf das Hauptfeld infolge der magnetischen Trägheit erst allmählich auswirkt.

Den allgemeinen Verlauf des Stoßkurzschlußstromes zeigt die Abb. 40, in welcher außer der Kurve des gesamten Stromes auch die des

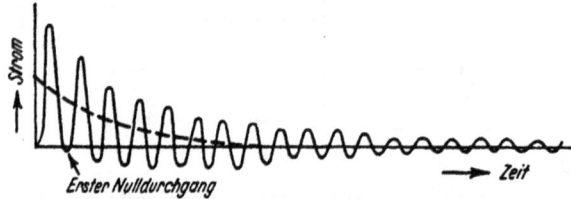

Abb. 40. Verlauf des Stoßkurzschlußstromes bei überwiegender Gleichstromdämpfung.
(Das Gleichstromglied ist gestrichelt eingezeichnet.)

Gleichstromanteils aufgezeichnet ist[1]). Das Gleichstromglied verschwindet hier schon nach etwa 7 Perioden; im allgemeinen verlischt es innerhalb weniger Zehntelsekunden nach Kurzschlußeintritt.

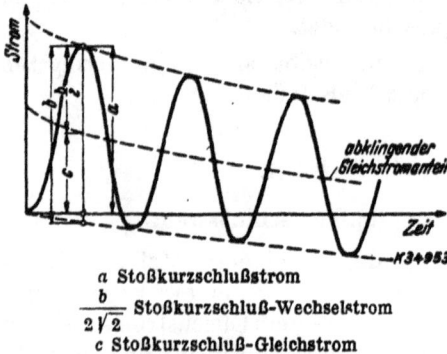

a Stoßkurzschlußstrom
$\frac{b}{2\sqrt{2}}$ Stoßkurzschluß-Wechselstrom
c Stoßkurzschluß-Gleichstrom

Abb. 40a. Zerlegung des Stoßkurzschlußstromes
(aus REH 1937).

In Abb. 40a sind der Stoßkurzschlußstrom, der Stoßkurzschluß-Wechselstrom und der Stoßkurzschluß-Gleichstrom besonders gekennzeichnet.

Der vollständige Übergang des Stoßkurzschlußstromes auf den Dauerkurzschlußstrom vollzieht sich beim dreipoligen Schluß infolge der größeren Ankerrückwirkung etwas schneller als beim zweipoligen, vgl. z. B. die Kurven in Abb. 41. Ebenso geht der Stoßkurzschlußstrom bei Maschinen mit Spannungs-Schnellreglern rascher in den Dauerkurzschlußstrom über als bei Maschinen ohne Spannungs-Schnellregler, weil im ersten Falle die Spannungsregelung die schnellere Erreichung des Gleichgewichtszustandes begünstigt.

Beim Klemmenkurzschluß an neuzeitlichen Synchronmaschinen (Turbogeneratoren mit Zylinderläufer sowie Schenkelpolgeneratoren mit Dämpferwicklung) beträgt der Stoßstromhöchstwert im ungünstigsten Falle das 15fache des Scheitelwertes (das 21fache des Effektivwertes) des Nennstromes. Dieser Wert ergibt sich für eine Ständer-

---

[1]) Die Bilder 40 und 41 sind den REH 1929 entnommen.

streuspannung bei Nennstrom von 12% der Nennspannung (Ständerstreuung $\varepsilon_{st} = 12\%$). Oft ist die Ständerstreuung größer, z. B. 15%,
so daß die erste Stromspitze etwa nur den 12fachen Wert der Amplitude
des Nennstromes erreicht. Bei Maschinen älterer Ausführung liegt dagegen die Ständerstreuung ε_{st} manchmal wesentlich unter 12%. Solche
Maschinen sind als sehr hart zu bezeichnen, denn ihre maximalen Stromspitzen können sogar das 30- bis 40fache der Amplitude des Nennstromes
erreichen.

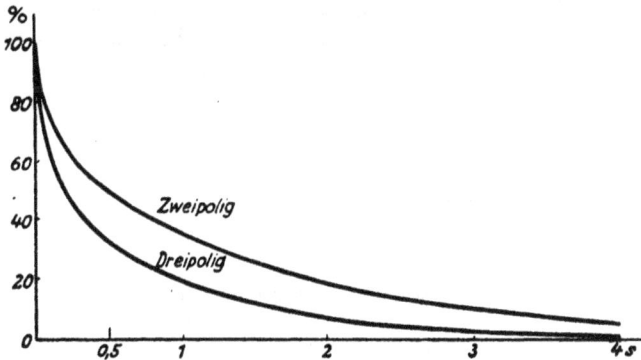

Abb. 41. Zeitlicher Verlauf des Wechselstromanteiles vom Ausgleichstrom bei großen Turbogeneratoren bei Klemmenkurzschluß.

Als speisende Maschinen für den Stoßkurzschlußstrom gelten:
    alle Synchrongeneratoren und -motoren,
    alle Einankerumformer,
    Asynchronmotoren über 1000 kW.

Die **Asynchronmotoren** und **Umformer** liefern bei Kurzschluß im
Netz einen zusätzlichen Kurzschlußstrom, der sich dem von den Synchronmaschinen herrührenden Hauptstrom überlagert. Der Höchstwert
des Stoßkurzschlußstromes eines Asynchronmotors beträgt im Mittel
das 8- bis 10fache des Scheitelwertes vom Nennstrom der Maschine.
Die Stoßkurzschlußströme von Asynchronmotoren sind stark gedämpft
und können etwa 0,25 s nach Kurzschlußeintritt als erloschen gelten.
    Die Ermittlung der Stoßkurzschlußströme ist hauptsächlich
zur Überprüfung der dynamischen Beanspruchung von Anlageteilen
(Sammelschienen, Stützern, Durchführungen, Stromwandlern u. dgl.)
erforderlich. In vielen Fällen, insbesondere, wenn die Generatoren mit
dem zu speisenden Netz unmittelbar (ohne Umspanner) verbunden sind,
muß der Stoßkurzschlußstrom auch bei der Bestimmung der thermischen Festigkeit der Anlageteile berücksichtigt werden. Die Kenntnis
des Stoßkurzschlußstromes ist schließlich auch zur Ermittlung der
Einschaltleistung von Leistungsschaltern und Leistungs-Trennschaltern
erforderlich.

b) Kurzschluß an den Klemmen der Generatoren[1].

Wie schon oben ausgeführt, sind die Stoßkurzschlußströme beim drei-, zwei- und einpoligen Schluß praktisch gleich groß:

$$I_s^{III} \approx I_s^{II} \approx I_s^{I}.$$

Um die höchstmögliche Beanspruchung der Anlageteile herauszufinden, wird der Berechnung des Stoßkurzschlußstromes gewöhnlich eine Generatorklemmenspannung zugrunde gelegt, die 10% über der Nennspannung des Netzes U_n, d. h. 5% über der Generatornenn-

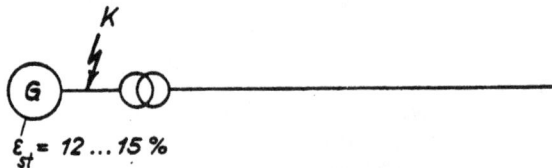

Abb. 42. Kurzschluß an den Klemmen eines Turbogenerators oder eines Schenkelpolgenerators mit Dämpferwicklung.

spannung U liegt. Der Stoßstrom bei Kurzschluß an den Klemmen von Turbogeneratoren mit Zylinderläufern sowie von Schenkelpolgeneratoren mit Dämpferwicklung (vgl. Abb. 42) kann dann ermittelt werden aus der Beziehung

$$I_s = \varkappa \cdot \frac{1{,}05}{\varepsilon_{st}} \cdot I_n \cdot \sqrt{2} \quad \dots \dots \dots \quad (35)$$

oder

$$I_s = \varkappa \cdot \sqrt{2} \cdot \frac{1{,}05 \cdot U}{\sqrt{3} \cdot x_{st}} \quad \dots \dots \dots \quad (35a)$$

Bei Schenkelpolgeneratoren ohne Dämpferwicklung muß außer der Ständerstreuung ε_{st} auch die Bohrungsstreuung ε_b berücksichtigt

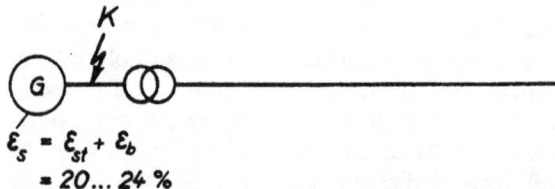

Abb. 42a. Kurzschluß an den Klemmen eines Schenkelpolgenerators ohne Dämpferwicklung.

---

[1] S. a. P. Jacottet und F. Ollendorff, Praktische Berechnungsmethode für den Stoßkurzschlußstrom von Drehfeldmaschinen, ETZ 1930, S. 926.

werden (vgl. Abb. 42a). Den Stoßstrom für solche Maschinen erhält man aus der Beziehung

$$I_s = \varkappa \cdot \frac{1{,}05}{\varepsilon_s} \cdot I_n \cdot \sqrt{2} \ldots \ldots \ldots \ldots \quad (36)$$

oder

$$I_s = \varkappa \cdot \sqrt{2} \cdot \frac{1{,}05 \cdot U}{\sqrt{3} \cdot x_s} \ldots \ldots \ldots \quad (36\,\mathrm{a})$$

In den Formeln (35), (35a), (36) und (36a) bedeutet:

I_s den Stoßkurzschlußstrom in A (Scheitelwert),

I_n den Nennstrom in A (Effektivwert),

ε_{st} die Ständerstreuung (12...15%) der Maschinen,

ε_s die Gesamtstreuung (20...24%) der Maschinen,

x_{st} Ständerreaktanz der Maschinen in Ohm; siehe Gl. (16a),

x_s Streureaktanz der Maschinen in Ohm; siehe Gl. (16),

$\varkappa = 1{,}8$ die »Stoßziffer«, ein aus der ersten Stromspitze nach Abb. 40 empirisch gefundener Mittelwert für das Gleichstromglied (vgl. a. Abb. 44).

Es bleibt dem Leser selbst überlassen, in der Praxis die Formeln (35) und (36) oder (35a) und (36a) anzuwenden, denn sie liefern gleiche Ergebnisse.

c) Kurzschluß im Netz.

Liegen zwischen den Maschinen und der Kurzschlußstelle dämpfende Widerstände in Form von Transformatoren, Kurzschluß-Drosselspulen und Leitungen (Abb. 43), so wird der Stoßstrom entsprechend kleiner als

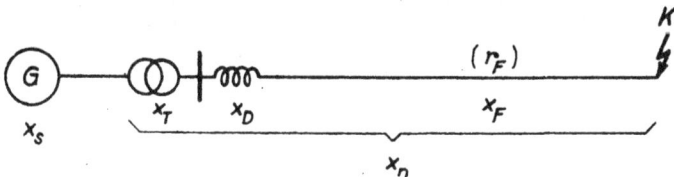

Abb. 43. Kurzschluß im Netz.

beim Klemmenkurzschluß. Zur Berechnung des Stoßkurzschlußstromes für Turbogeneratoren sowie Schenkelpolgeneratoren mit Dämpferwicklung bedient man sich in solchen Fällen der Formel

$$I_s = \varkappa \cdot \sqrt{2} \cdot \frac{1{,}05 \cdot U}{\sqrt{3}\,(x_{st} + x_n)} , \ldots \ldots \ldots \quad (37)$$

in der U die Generatornennspannung in V, x_{st} den Ständerstreublind-widerstand in Ohm und x_n den Netzblindwiderstand (Definition s. auf S. 48) in Ohm bedeuten.

Bei Schenkelpolgeneratoren o h n e Dämpferwicklung setzt man in Gl. (37) an Stelle x_{st} den Gesamtstreublindwiderstand x_s (s. Gl. (16)) ein.

Ist der Wirkwiderstand der Kurzschlußbahn $r \geq 0,5\,x$, so muß er in Gl. (37) berücksichtigt werden.

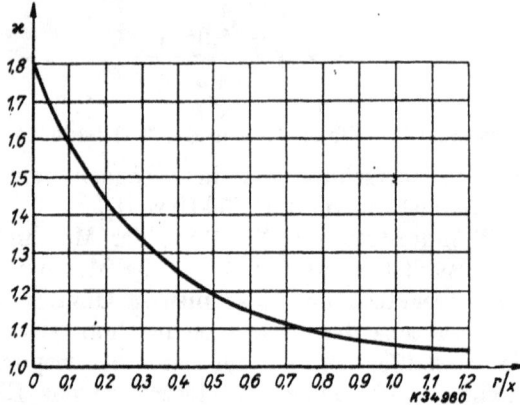

Abb. 44. Stoßziffer $\varkappa$ zur Ermittlung des Stoßkurzschlußstromes in Abhängigkeit vom Verhältnis $\dfrac{\text{ohmscher}}{\text{induktiver}}$ Widerstand des Kurzschlußpfades.

Die Stoßziffer $\varkappa$ ist stark abhängig von der Verhältniszahl r/x (vgl. Abb. 44), und zwar bewirkt wachsender Wirkwiderstand der Kurzschlußbahn eine Verminderung der Stoßziffer.

3. Stoßkurzschluß-Wechselstrom.

Der Stoßkurzschluß-Wechselstrom ist der Wechselstromanteil des Stoßkurzschlußstromes. Er wird als Effektivwert angegeben und nach REH 1937 aus der Bezeichnung

$$I_{sw} = \frac{1,05 \cdot U}{\sqrt{3}\,\sqrt{r^2 + x^2}} = \frac{I_s}{\sqrt{2} \cdot \varkappa} \quad \ldots \ldots \ldots \quad (38)$$

ermittelt. Darin ist:

U die Generator-Nennspannung in V,
r der Wirkwiderstand der gesamten Kurzschlußbahn in Ω,
x der Blindwiderstand der gesamten Kurzschlußbahn in Ω,
$\varkappa$ die Stoßziffer nach Abb. 44.

Wirkwiderstände von der Größe $r \leq 0,5\,x$ können vernachlässigt werden.

Der Stoßkurzschluß-Wechselstrom wird im wesentlichen zur Ermittlung des Ausschaltstromes bzw. der Ausschaltleistung von Schaltern und Sicherungen benötigt[1]. Hierüber wird im Kapitel G noch ausführlicher berichtet.

---

[1] Gegebenenfalls auch zur Bestimmung der Auslösezeit von abhängigen Überstromzeitrelais.

4. Dauerkurzschlußstrom.

a) Allgemeines über den Dauerkurzschlußstrom.

Der Dauerkurzschlußstrom ist, wie bereits erwähnt, derjenige Wechselstrom, der nach vollständigem Abklingen des Stoßkurzschlußstromes bestehen bleibt (stationärer Kurzschlußstrom). Seine Größe ist im Gegensatz zu der des Stoßkurzschlußstromes nicht nur vom Streublindwiderstand der Stromerzeuger x_s und vom Netzblindwiderstand x_n abhängig, sondern auch vom Ankerrückwirkungs-Blindwiderstand x_a sowie von der Erregung und der Sättigung der Maschinen. Der Dauerkurzschlußstrom von Generatoren ist bei drei-, zwei- und einpoligem Schluß im Gegensatz zum Stoßkurzschlußstrom verschieden groß, weil die Ankerrückwirkung bei den drei Kurzschlußarten bekanntlich verschieden ist, und zwar bei zwei- und einpoligen Kurzschlüssen erheblich kleiner als bei dreipoligen. Der Dauerkurzschlußstrom wird stets als Effektivwert angegeben.

Bei Klemmenkurzschluß kann der Dauerkurzschlußstrom I_d für neuzeitliche Synchronmaschinen nach der Beziehung

$$I_d = m_d \cdot I_n \ldots \ldots \ldots \ldots \ldots (39)$$

roh ermittelt werden. Der Nennstrom I_n der Maschine wird hier einfach mit der betreffenden Kennziffer m_d aus der Zahlentafel III (für verschiedene Fehler- und Maschinenarten) multipliziert. Die angegebenen Werte für m_d beziehen sich dabei auf Vollast-Erregung der Generatoren bei cos $\varphi = 0,8$. Falls genauere Angaben über die Maschinen vorliegen, sind diese zu verwenden.

Zahlentafel III.

Kennziffer m_d nach dem REH 1929.

Kurzschluß	Turbogeneratoren	Schenkelpolgeneratoren
dreipolig	2	2,5
zweipolig	3	3,75
einpolig	5	6,25

Die Generatoren liefern also beim zwei- und einpoligen Klemmenkurzschluß viel größere Ströme als beim dreipoligen. Der Fall des einpoligen Kurzschlusses bezieht sich auf Netze mit kurzgeerdetem Sternpunkt. Er wird im folgenden nicht weiter berücksichtigt, da derartige Netze (Hochspannungsnetze!) in Deutschland praktisch nicht vorkommen. Doppelerdschlüsse gelten im wesentlichen als zweipolige Kurzschlüsse (Abb. 19).

Als speisende Maschinen für den Dauerkurzschlußstrom sind anzusehen:

alle Synchrongeneratoren, ferner

alle Synchronmotoren, wenn sie weiter angetrieben werden.

Asynchronmotoren liefern beim dreipoligen Kurzschluß keinen Dauerkurzschlußstrom, weil sie kein selbständiges Feld haben. Nur beim zweipoligen Schluß entwickeln sie durch die Wirkung der gesunden Phase und ihres Restfeldes einen Dauerkurzschlußstrom, der etwa das 2- bis 3fache des Motornennstromes beträgt.

Einankerumformer verhalten sich bei Kurzschluß auf der Wechselstromseite ähnlich wie Synchronmaschinen gleicher Leistung. Sie haben im Mittel mit den vorgeschalteten Transformatoren eine Gesamtstreuung von etwa $\varepsilon_s = 15\%$ und liefern Dauerkurzschlußströme sowohl bei zweipoligen als auch bei dreipoligen Kurzschlüssen. Bricht jedoch beim Netzkurzschluß die Gleichspannung der Einankerumformer zusammen, so liefern sie, ähnlich wie die Asynchronmotoren, nur bei zweipoligen Kurzschlüssen einen Dauerkurzschlußstrom.

Die Kenntnis des Dauerkurzschlußstromes ist notwendig für die Ermittlung der thermischen Beanspruchung von Anlageteilen. Gewöhnlich wird dabei der Dauerkurzschlußstrom allein berücksichtigt. In Fällen, in denen sich große Stoßströme ergeben, ist es erforderlich, auch den Stoßkurzschlußstrom heranzuziehen (s. S. 85 und Zahlenbeispiel auf S. 140). — Der Dauerkurzschlußstrom wird ferner benötigt zur Ermittlung der Auslösezeiten von abhängigen bzw. begrenzt-abhängigen Überstromzeitrelais und gegebenenfalls für die Ausschaltleistung von Schaltern.

Die Berechnung der Dauerkurzschlußströme in elektrischen Netzen führt man nach dem einen oder anderen der zwei nachstehend beschriebenen Verfahren durch, abhängig davon, ob sich bei Kurzschluß im Netz die treibende Spannung an den Stromerzeugern vermindert oder nicht. Im ersten, dem allgemeinen Fall, müssen neben den Netzwiderständen auch die Maschinenwiderstände (Streu- und Ankerreaktanz) berücksichtigt werden. Im zweiten, dem Sonderfall, genügt die Berücksichtigung der Netzwiderstände allein. Die Stromquelle wird hier als unendlich ergiebig und mithin als widerstandslos angenommen.

b) Dauerkurzschlußstrom in Netzen ohne starre Spannung (Allgemeiner Fall).

Die Dauerkurzschlußströme einer Drehstrommaschine mit Leerlauferregung sind in Anlehnung an die Ausführungen auf S. 13 und 32

bei dreipoligem Kurzschluß

$$I_d^{\mathrm{III}} = \frac{U}{\sqrt{3}\,(x_a + \dot{x}_s + x_n)} \cdot 1, \quad \ldots \ldots \ldots (40)$$

bei zweipoligem Kurzschluß

$$I_d^{\mathrm{II}} = \frac{U}{2\left(\dfrac{x_a}{2} + x_s + x_n\right)} \cdot 1. \qquad \ldots \ldots \quad (41)$$

Ist die Maschine schon vor Eintritt des Kurzschlusses belastet, z. B. bis zur Vollast, so erzwingt die durch den Laststrom bedingte Ankerrückwirkung eine viel stärkere Erregung der Maschine, als durch den Faktor 1 angedeutet ist. Die Kurzschlußströme fallen dadurch größer aus.

In den nachstehenden Formeln (40a) und (41a), die den REH 1929 entnommen sind, wird der wirkliche Erregungszustand des Stromerzeugers sowie dessen Eisensättigung (gekrümmte Kennlinie!) durch den Kurzschluß-Sättigungsfaktor k berücksichtigt, der Werte von 1 bis etwa 3,5 annehmen kann (vgl. Abb. 46). Der Kurzschluß-Sättigungs-

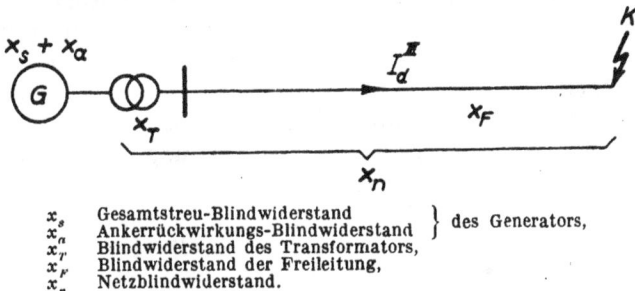

x_s	Gesamtstreu-Blindwiderstand	}	des Generators,
x_a	Ankerrückwirkungs-Blindwiderstand		
x_r	Blindwiderstand des Transformators,		
x_F	Blindwiderstand der Freileitung,		
x_n	Netzblindwiderstand.		

Abb. 45. Blindwiderstände im Zuge der Kurzschlußstrombahn je Phasenleiter.

faktor k gibt das Verhältnis des wahren Dauerkurzschlußstromes zu dem ideellen Strom der ungesättigt gedachten Maschine bei Leerlauferregung an[1]. Der Sättigungsfaktor wird für den drei- und zweipoligen Kurzschluß gesondert bestimmt und durch die Symbole k_{a3} und k_{a2} gekennzeichnet.

Die Formeln für die Dauerkurzschlußströme beim drei- und zweipoligen Schluß im Netz sowie an den Maschinenklemmen (vgl. Abb. 45) lauten

$$I_d^{\mathrm{III}} = \frac{U}{\sqrt{3}\,(x_a + x_s + x_n)} \cdot k_{a_3} \qquad \ldots \ldots \quad (40\,\mathrm{a})$$

und

$$I_d^{\mathrm{II}} = \frac{U}{2\left(\dfrac{x_a}{2} + x_s + x_n\right)} \cdot k_{a_2}. \qquad \ldots \ldots \quad (41\,\mathrm{a})$$

---

[1] S. a. die Umschreibungen in ETZ 1930, S. 193 und 238.

U bedeutet die Maschinen-Nennspannung, die gewöhnlich um 5% höher als die Netz-Nennspannung U_n liegt ($U = 1{,}05 \cdot U_n$). Nähere Ausführungen bezüglich x_a und x_s siehe auf S. 33. Bei Kurzschluß an den Klemmen der Maschinen ist in den vorstehenden Formeln der Netz-Blindwiderstand $x_n = 0$ zu setzen.

Den Sättigungsfaktor k ermittelt man an Hand der Abb. 46 in Abhängigkeit von der relativen Erregung

$$v = \frac{I_e}{I_0} \qquad \dots \dots \dots \dots \quad (42)$$

und der numerischen Kurzschlußentfernung

$$a = \frac{x_s + x_n}{x_s} \qquad \dots \dots \dots \dots \quad (42\,\mathrm{a})$$

In der Beziehung (42) bedeuten I_e den tatsächlichen Erregerstrom, I_0 den Leerlauferregerstrom. Die numerische Kurzschlußentfernung a wird definiert als das Verhältnis der Summe aus Gesamtstreu-Blindwiderstand x_s der Stromerzeuger und Netzblindwiderstand x_n zum Gesamtstreu-Blindwiderstand x_s und ist ein Maß für den Abstand der Kurzschlußstelle vom Generator. Für $x_n = 0$ ist $a = 1$.

Bei Leerlauferregung ist die relative Erregung $v = 1$. Für die tatsächliche Erregung berechnet man v aus

$$v = 1{,}08 + \left(4{,}45 \cdot \varepsilon_s + \frac{1}{I_k/I_n} - 0{,}43\right) F\,(\cos\varphi), \quad \dots \quad (43)$$

wobei die relative Zusatzerregung $F\,(\cos\varphi)$ aus der Zahlentafel IV entnommen wird.

Zahlentafel IV.

Relative Zusatzerregung F (cos φ) als Funktion des Leistungsfaktors cos φ der Vorbelastung, d. h. der Belastung vor Kurzschlußeintritt.

cos φ . .	0,0	0,5	0,6	0,7	0,8	0,9	1,0
F (cos φ . .	1,00	0,91	0,86	0,80	0,72	0,60	0,30

Fertige Zahlenwerte für v können aus der Zahlentafel V entnommen werden.

Zahlentafel V.

Relative Erregung v für mittelgroße Maschinen in Abhängigkeit vom Leistungsfaktor cos φ der Vorbelastung.

	cos φ	0,0	0,5	0,6	0,7	0,8	0,9	1,0
Turbogeneratoren	v	3,2	3,0	2,9	2,8	2,6	2,35	1,7
Schenkelpolgeneratoren .	v	2,8	2,65	2,6	2,5	2,3	2,1	1,6

Sind die Maschinen mit Spannungs-Schnellreglern versehen, die im Kurzschlußfalle beim Zusammenbruch der Generatorspannung die Erregung hochtreiben, so müssen für v größere Zahlenwerte herangezogen werden. Bei Überschlagrechnungen kann man folgende Werte annehmen:

$$v = 3,5 \text{ für Turbogeneratoren,}$$
$$v = 3,0 \text{ für Schenkelpolgeneratoren.}$$

Im ungünstigsten Falle dürfte $v = 5$ sein[1]).

Die **numerische Kurzschlußentfernung** hat beim Klemmenkurzschluß den Wert

$$a = \frac{x_s + 0}{x_s} = 1.$$

Bei Kurzschluß über äußere Blindwiderstände, d. h. über Umspanner, Leitungen usw., ist $a > 1$.

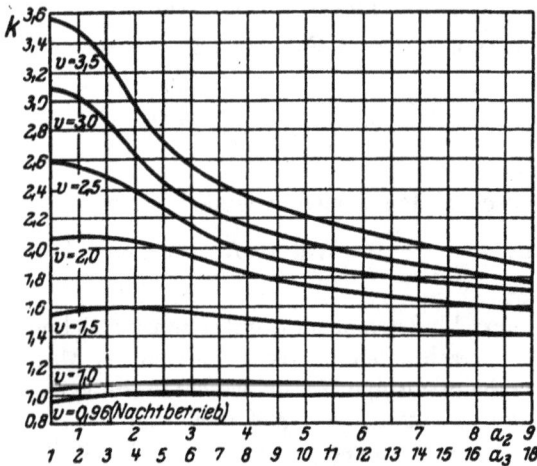

a₂ numerische Kurzschlußentfernung beim zweipoligen Schluß,
a₃ numerische Kurzschlußentfernung beim dreipoligen Schluß,
v relative Erregung der Maschinen.

Abb. 46. Kurven für den Kurzschlußfaktor k (Ausführlicher über den physikalischen Zusammenhang zwischen v, a und k siehe ETZ 1930, S. 194, 238 und 269.)

Sind v und a ermittelt, so kann der Sättigungsfaktor für den dreipoligen Kurzschluß ka_3 oder für den zweipoligen Kurzschluß ka_2 an Hand der Kurventafel nach Abb. 46 leicht abgelesen werden (s. a. Zahlenbeispiele im Kapitel H).

Bei Nacht- oder Sonntagsbetrieb (Schwachlastbetrieb mit kapazitiver Erregung der Maschinen durch das Netz) ist der Sättigungsfaktor k beim zwei- und dreipoligen Schluß sehr klein ($k \approx 1$, vgl. Abb. 46). Wenn die Maschinen jedoch mit Spannungs-Schnellreglern aus-

---

[1]) S. a. ETZ 1930, S. 198.

gerüstet sind, so wird die Maschinenerregung im Kurzschlußfalle sehr schnell gesteigert, und für k müssen dann höhere Werte in die Rechnung eingesetzt werden. Die Kurzschlußströme bei Schwachlastbetrieb haben hauptsächlich Bedeutung für die Auslegung der Anregeglieder von Schutzrelais[1].

Die Formeln (40a) und (41a) haben Gültigkeit für vorwiegend induktive Kurzschlußstromkreise. Derartige Kurzschlußstromkreise kommen in der Praxis am meisten vor. Liegen jedoch für den gesamten Kurzschlußstromkreis die Blind- und Wirkwiderstände in gleicher Größenordnung oder überwiegt gar der Wirkwiderstand, so muß der Kurzschluß-Sättigungsfaktor k korrigiert werden.

Ist sin $\varphi \geqq 0{,}8$, dann gilt

für den dreipoligen Kurzschluß

$$I_d^{\mathrm{III}} = \frac{U}{\sqrt{3}\,(x_a + a'\,x_s)} \cdot \frac{k_{a'_s}}{\sin \varphi},$$

für den zweipoligen Kurzschluß

$$I_d^{\mathrm{II}} = \frac{U}{2\left(\dfrac{x_a}{2} + a'\,x_s\right)} \cdot \frac{k_{a'_s}}{\sin \varphi}.$$

Darin bedeutet φ den Impedanzwinkel $\left(\mathrm{tg}\,\varphi = \dfrac{x}{r}\right)$ der gesamten Kurzschlußbahn; $a' = \dfrac{a}{\sin^2 \varphi}$. Weitere Ausführungen hierüber s. in der ETZ 1929, S. 281.

Die Dauerkurzschlußströme sind unter sonst gleichen Bedingungen am größten bei Kurzschlüssen an den Klemmen der Maschinen. Dabei sind die Ströme beim zweipoligen Kurzschluß infolge der geringeren Ankerrückwirkung um etwa 50% größer als beim dreipoligen. Dieser Unterschied wird um so geringer, je weiter die Fehlerstelle im Netz liegt. Bei großen Entfernungen vom Kraftwerk können die Ströme beim zweipoligen Kurzschluß unter Umständen sogar kleiner werden als beim dreipoligen, weil die Leitungswiderstände im ersten Fall größer sind als im letzten. Diese verhalten sich, wie schon früher ausgeführt, wie $2 : \sqrt{3}$ (vgl. auch die Ausführungen auf S. 22).

Gang und Wesen der Kurzschlußstromberechnung sind in den Zahlenbeispielen des Kapitels H klar herausgeschält.

In diesem Zusammenhang sei noch auf die Arbeit von G. Hameister hingewiesen[2], in der ein neuer Weg für die Berechnung des Kurzschlußstromes angegeben ist, der darin besteht, daß der Stoßkurzschluß-

---

[1] M. Walter, Der Selektivschutz nach dem Widerstandsprinzip, Verlag R. Oldenbourg 1933, S. 14...27.

[2] G. Hameister, Die Berechnung des Kurzschlußstromes in Hochspannungsnetzen, ETZ 1935, S. 669.

Wechselstrom [Gl. (38)] und damit der Stoßkurzschlußstrom unter Berücksichtigung der Vorbelastung berechnet wird und der Dauerkurzschlußstrom wie der Ausschaltstrom (S. 120) mit Hilfe des Stoßkurzschluß-Wechselstromes aus einer einfachen Kurvendarstellung abgelesen wird.

c) Dauerkurzschlußstrom in Netzen mit starrer Spannung[1]) (Sonderfall).

In Mittelspannungs-Freileitungsnetzen sowie in Kabelnetzen, die von großen Kraftwerken entweder unmittelbar oder mittelbar über Höchstspannungsnetze, z. B. über sog. Landes-Sammelschienen (Elektrowerke, RWE, MEW, Bayernwerk, Wüleg, ASW usw.) gespeist werden, können die Kurzschlußströme in sehr vielen Fällen durch einfachere Formeln ermittelt werden. Bedingung hierzu ist, daß das Verhältnis der Nennleistung der vorgelagerten laufenden Maschinen zur Durchgangs-Nennleistung der Kabel oder Freileitungen sehr groß ist, so daß durch den Kurzschluß keine Verminderung der Maschinen- oder Transformatorspannung eintritt. In solchen Fällen setzt man die entsprechende Netz-Nennspannung U_n als starr voraus (in den Abb. 47 und 48

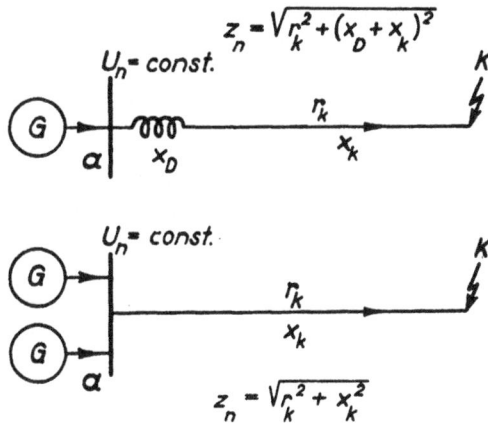

$$z_n = \sqrt{r_k^2 + (x_D + x_k)^2}$$

x_D Blindwiderstand der Kurzschluß-Drosselspule,
x_k Blindwiderstand des Kabels,
r_k Wirkwiderstand des Kabels.

Abb. 47. Kurzschlüsse in Kabelnetzen mit sehr großer Maschinenleistung und mit starrer Netzspannung U_n im Kraftwerk. In diesen Beispielen müßte man eigentlich statt U_n die Maschinen-Nennspannung $U = 1,05 \cdot U_n$ setzen.

$$z_n = \sqrt{r_k^2 + x_k^2}$$

z. B. an den Sammelschienen a) und ermittelt den Kurzschlußstrom für den gegebenen Netzscheinwiderstand z_n (Definition auf S. 48) beim dreipoligen Schluß zu

$$I_d^{III} = \frac{U_n}{\sqrt{3} \cdot z_n}, \qquad \ldots \ldots \ldots (44)$$

beim zweipoligen Schluß zu

$$I_d^{II} = \frac{U_n}{2 \cdot z_n}. \qquad \ldots \ldots \ldots (45)$$

---

[1]) In Netzen mit starrer Spannung bei Kurzschluß ändert sich das Wechselstromglied im Kurzschlußfall nicht. Das Gleichstromglied ist dagegen bei Kurzschlußeintritt immer vorhanden. Seine Höhe hängt ab vom jeweiligen Schaltmoment.

Diese Formeln wurden schon im Kapitel B als Einführungsgleichungen gebracht.

Ist der Blindwiderstand der unmittelbar vorgelagerten Transformatoren (vgl. Abb. 48) verhältnismäßig klein, sei es, daß die Nennleistung der Transformatoren sehr groß oder daß deren Kurzschluß-spannung u_k klein ist, so braucht man für überschlägige Kurzschlußstromberechnungen eigentlich nur den Scheinwiderstand der kranken Leitung zu berücksichtigen, andernfalls muß auch der Blindwiderstand der Transformatoren x_T, bezogen auf die Nennspannung der gestörten Leitung, mitberücksichtigt werden (Abb. 48). — Findet der Kurzschluß unmittelbar hinter dem Umspanner statt, so kann der Strom beim dreipoligen Kurzschluß in einfacher Weise auch mit Gl. (19) ermittelt werden.

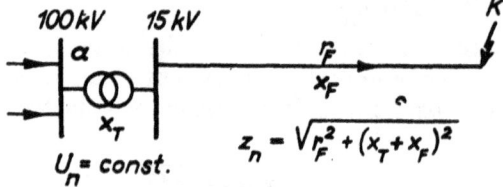

$$z_n = \sqrt{r_F^2 + (x_T + x_F)^2}$$

x_T Blindwiderstand des Umspanners,
x_F Blindwiderstand der Freileitung,
r_F Wirkwiderstand der Freileitung.

Abb. 48. Kurzschluß in einer 15 kV-Freileitung mit starrer Netzspannung U_n an den Sammelschienen a.

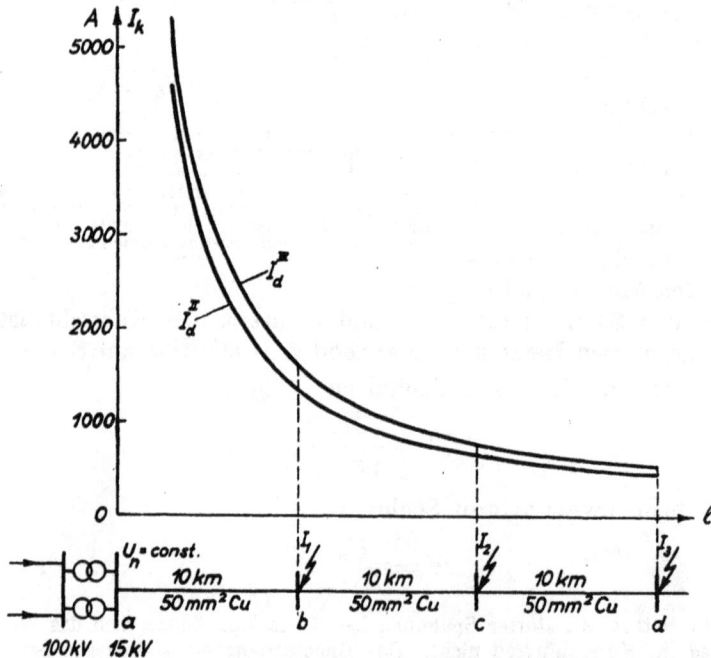

Abb. 49. Kurzschlußstrom in Abhängigkeit von der Leitungslänge [$I_d = f(l)$] bei starrer Spannung an den 15 kV-Sammelschienen des Umspannwerkes a.

Aus den Formeln (44) und (45) geht hervor, daß der Kurzschlußstrom beim zweipoligen Schluß um etwa 13,5% kleiner ausfällt als
beim dreipoligen (vgl. als Gegensatz hierzu die diesbezüglichen Ausführungen über Netze mit nicht starrer Spannung auf S. 66). Der
Grund hierfür liegt darin, daß der große Einfluß der Ankerrückwirkung
und der Maschinenerregung hier nicht vorhanden ist. Weiterhin ist zu
bemerken, daß sich in solchen Netzgebilden das Wechselstromglied des
Stoßkurzschlußstromes praktisch überhaupt nicht ausbildet. Das
Gleichstromglied ist dagegen immer vorhanden, was in der bekannten
Gleichung

$$I_s = \varkappa \cdot \sqrt{2} \cdot I_d \quad \ldots \ldots \ldots \ldots \quad (45a)$$

deutlich zum Ausdruck kommt (s. a. Fußnote [1]) auf S. 67).

Die Abb. 49 zeigt, wie die Kurzschlußströme mit zunehmender Entfernung der Kurzschlußstelle von der Stromquelle abnehmen. In der
dargestellten Anlage wird vom Umspannwerk a aus eine 30 km lange
50-mm²-Cu-Freileitung mit den Unterstationen b, c und d mit Drehstrom
beliefert. Entstehen nun im Zuge der Leitung $a...d$ an beliebigen Stellen
Kurzschlüsse und bleibt dabei die treibende Spannung in a starr, dann
ergeben sich für jeden Kurzschlußpunkt bei drei- und zweipoligen Kurzschlüssen Stromwerte, wie sie die Kurven in Abb. 49 zeigen. Bei den
zweipoligen Kurzschlüssen werden die Kurzschlußströme, wie bereits
gesagt, um etwa 13,5% kleiner, weil hier die Widerstandswerte der
Kurzschlußschleifen größer sind als bei den dreipoligen Kurzschlüssen.
Sie verhalten sich zueinander wie $2 : \sqrt{3}$. Außerdem fällt hier der Einfluß der Ankerrückwirkung und der erhöhten Erregung der Maschinen
fort.

Ist die treibende Spannung in a nicht starr, also kleiner als die
Netz-Nennspannung U_n, dann verlaufen die Stromkurven flacher, keineswegs aber geradlinig mit zunehmender Entfernung der Kurzschlußstelle
von der Station a.

E. Wirkungen der Kurzschlußströme.

Stoß- und Dauerkurzschlußströme haben, wie schon in den Kapiteln A und D ausgeführt, dynamische und thermische Wirkungen zur Folge. Im allgemeinen werden die Anlageteile (Stromwandler, Stützer, Durchführungen, Schalter, Sammelschienen usw.) in Netzen mit niedriger Betriebsspannung (unter 30 kV) durch die Kurzschlußströme mehr gefährdet als in Netzen mit hoher Betriebsspannung (über 30 kV), weil bei gleicher Kurzschlußleistung die Ströme im ersten Falle infolge der geringeren Spannung viel größer ausfallen. Außerdem sind in Netzen bis zu 10 kV die Maschinen mit den übrigen Netzteilen oft unmittelbar verbunden, d. h. nicht über Transformatoren, so daß die Kurzschlußströme, insbesondere die Stoßströme, in diesen Netzteilen praktisch ungedämpft auftreten.

1. Mechanische Wirkungen.

Der Stoßstrom ist beim drei- und zweipoligen Kurzschluß zwar praktisch gleich groß, nicht aber die durch ihn verursachte mechanische Beanspruchung der Anlageteile. **Beim zweipoligen Kurzschluß sind die dynamischen Kräfte wesentlich größer als beim dreipoligen, weil bei ihm die Ströme in den beiden kranken Leitern gleich groß und phasengleich, beim dreipoligen dagegen die Ströme in zwei Leitern im gleichen Augenblick infolge der 120° Phasenverschiebung verschieden groß sind. Für die Bestimmung der dynamischen Festigkeit elektrischer Anlageteile muß man demnach den zweipoligen Kurzschluß zugrunde legen.** Die Ermittlung der jeweiligen Kräfte erfolgt sodann nach der allgemeinen bekannten Formel (46).

Die mechanischen Kräfte werden, wie bereits im Kapitel D ausgeführt, im wesentlichen durch die anfängliche Spitze eines Kurzschlußstromes hervorgerufen. So tritt z. B. zwischen zwei stromdurchflossenen, parallel geführten Leitern der Länge l je nach der Stromrichtung eine Anziehungs- oder Abstoßkraft in kg von

$$P = 2{,}04 \cdot \frac{l}{d} \cdot I_s^2 \cdot 10^{-8} \quad \ldots \ldots \ldots \quad (46)$$

auf, wobei

I_s die Amplitude des Stoßkurzschlußstromes in A,
l die Leiterlänge im parallelen Abschnitt (Spannweite) in cm,
d den Leiterabstand in cm

bedeuten (vgl. Abb. 51). Gleichgerichtete Ströme ziehen sich an, entgegengesetzt gerichtete stoßen sich ab.

Die Kraft P in kg/m kann als Funktion des Leiterabstandes für verschiedene Kurzschlußstromstärken I_s auch aus Kurventafeln ermittelt werden (vgl. z. B. Abb. 50).

Aus der Beziehung (46) geht hervor, daß die Kräfte quadratisch mit der Kurzschlußstromstärke und linear mit der Spannweite anwachsen, dagegen im umgekehrten Verhältnis mit der Vergrößerung der Leiterabstände kleiner werden. Auf diese Zusammenhänge ist bei der Erweite-

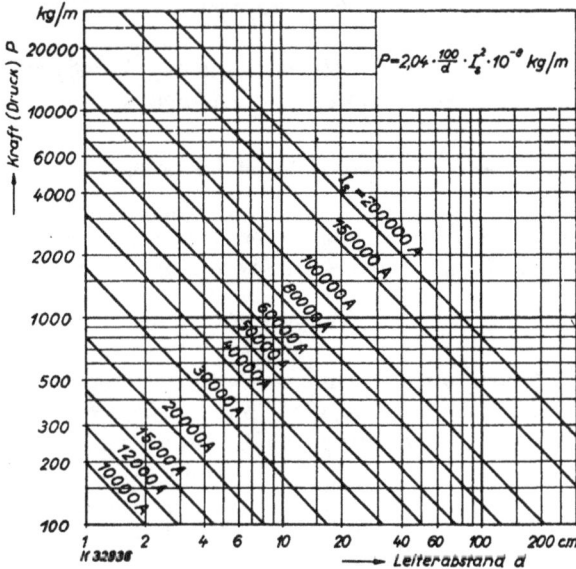

Abb. 50. Kennlinien zur Bestimmung der mechanischen Kräfte, die bei zweipoligen Kurzschlüssen in parallel verlegten Leitern (z. B. Sammelschienen) je Meter auftreten.

rung bestehender und der Planung neuer Anlagen unbedingt zu achten. Besondere Aufmerksamkeit erfordern dabei die Stromwandler, Kabelendverschlüsse und Kabelmuffen, ferner oft auch die Sammelschienen, insbesondere wenn deren Leiterabstände klein sind.

Zum besseren Verständnis der Erscheinungen, die bei dynamischer Beanspruchung der Anlageteile auftreten können, sollen im folgenden besonders Sammelschienen und Stromwandler in dieser Hinsicht noch näher betrachtet werden.

a) Mechanische Beanspruchung der Sammelschienen, Stützer und Durchführungen.

In Abb. 51 ist eine 6 kV-Sammelschiene mit den entsprechenden Abmessungen dargestellt. An der Stelle K möge ein zweipoliger satter

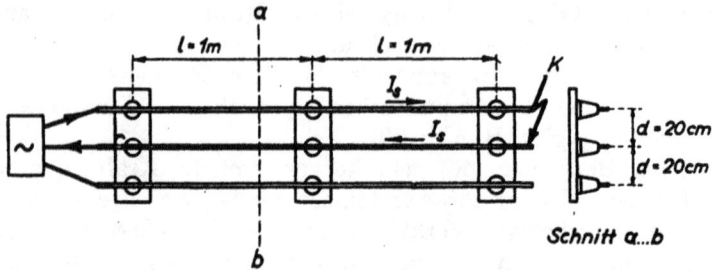

Abb. 51. Dynamische Beanspruchung einer Sammelschienen-Anordnung durch den Stoßstrom bei zweipoligem Kurzschluß.

Kurzschluß (mit $I_s = 80000$ A) entstehen. Aus der Gl. (46) erhalten wir dann die dynamische Beanspruchung je cm Länge zu

$$P = \frac{2{,}04 \cdot 80000^2 \cdot 10^{-8}}{20} = 6{,}5 \text{ kg/cm}.$$

Da die Stützer gemäß Abb. 51 von Meter zu Meter eingebaut sind, so werden die Schienenstücke dazwischen sowie ein Teil der Stützer beansprucht mit je

$$6{,}5 \cdot 100 = 650 \text{ kg}.$$

Dieser Wert ist größer als die Umbruchfestigkeit der VDE-mäßigen Stützer der Reihe 10 und Gruppe A, die 375 kg beträgt. Mit den Stützern der gleichen Reihe, jedoch der Gruppe B (750 kg) oder mit der doppelten Anzahl von Stützern der Gruppe A läßt sich hier Abhilfe schaffen. (Die Umbruchfestigkeit (Kleinstwert) beträgt gemäß VDE für Stützer und Durchführungen bis

Abb. 52. Liegende Anordnung der Sammelschienen.

Reihe 45, gemessen am Isolatorkopf, in der Gruppe A 375 kg, in der Gruppe B 750 kg und in der Gruppe C 1250 kg).

Die mechanische Festigkeit der Schienen selbst bedarf ebenfalls einer sorgfältigen Nachprüfung. Ergibt sich, daß die Schienen die mechanische Wirkung der Stoßkurzschlußströme nicht aushalten, so müssen sie mit stärkeren Querschnitten ausgeführt bzw. günstiger angeordnet werden, z. B. flach (Abb. 52 bzw. 52a) oder weiter auseinander. Die Ermittlung der Schienenfestigkeit, z. B. ihre Biegefestigkeit, wird an Hand der Regeln aus der allgemeinen Festigkeitslehre vorgenommen.

Ein **Beispiel** sei kurz an Hand der Abb. 51 erläutert:

Der Querschnitt der Cu-Sammelschienen soll für den Nennstrom von 1500 A 10×100 mm² betragen. Als dynamische Beanspruchung wird

die Kraft $P = 650$ kg/m angenommen. Diese Kraft sucht die Sammelschienen in der Querrichtung auseinanderzubiegen. Für die Berechnung
wird vorausgesetzt, daß die Stützer den Beanspruchungen gewachsen
und daß die Sammelschienen an den Stützern beweglich sind. Die Beanspruchung der Schienen auf Biegung entspricht dann im ungünstigsten
Falle einem gleichmäßig belasteten und frei aufliegenden Balken. Das
Biegungsmoment ist dabei

$$M_b = \frac{P \cdot l}{8} = \frac{650 \cdot 100}{8} = 8125 \text{ kg} \cdot \text{cm}.$$

Für den gewählten Querschnitt von 1×10 cm² beträgt in der Anordnung nach Abb. 53 das Widerstandsmoment in Richtung der
Kraft P

$$W = \frac{b^2 \cdot h}{6} = \frac{1^2 \cdot 10}{6} = 1,67 \text{ cm}^3$$

und die Biegungsbeanspruchung

$$\sigma = \frac{M_b}{W} = \frac{8125}{1,67} \approx 4900 \text{ kg/cm}^2.$$

Da eine solche Kupferschiene nur etwa 3000 kg/cm² Festigkeit
hat[1]), so sind die Schienen bei der gewählten stehenden Anordnung
also nicht kurzschlußfest. Die an-
genommenen Abmessungen (Querschnitt) genügen jedoch dem Nennstrom vollauf.

Wählt man die liegende Anordnung der Schienen nach Abb. 52
oder die senkrechte nach Abb. 52a,
so beträgt das Widerstandsmoment

$$W = \frac{b^2 \cdot h}{6} = \frac{10^2 \cdot 1}{6} = 16,7 \text{ cm}^3$$

und die Biegungsbeanspruchung

$$\sigma = \frac{M_b}{W} = \frac{8125}{16,7} \approx 490 \text{ kg/cm}^2.$$

Man kann also durch eine einfache
Maßnahme die Sicherheit einer Anlage ganz erheblich heraufsetzen.

Sind die Schienen für ganz große
Nennströme zu einem Bündel zusammengefaßt, so setzt man in die

Abb. 52a. Senkrechte Anordnung der
Sammelschienen.

---

[1]) Die Festigkeit von Aluminium liegt etwa bei 1100 kg/cm².

vorstehende Rechnung bei gleichem Biegungsmoment M, die Summe der einzelnen Widerstandsmomente W ein. Diese Rechnungsart ist nicht ganz exakt, denn für die genaue Berechnung müßte die Verteilung der Ströme auf die einzelnen Schienen berücksichtigt werden. Für die meisten Fälle der Praxis ist sie jedoch ausreichend.

Bei unsachgemäß geplanten Anlagen kann ferner **mechanische Resonanz** auftreten, die weitere, sehr erhebliche Beanspruchungen bei Kurzschluß zur Folge haben kann. Dieser Fall kommt vor, wenn die mechanische Eigenschwingungszahl der Leiter und die elektrische Schwingungszahl der Anlage annähernd einander gleich sind. Die mechanischen Beanspruchungen können hierbei den 2-...3fachen Wert erreichen[1].

Abb. 53. Stehende Anordnung der Sammelschienen.

Die Eigenschwingungszahl der Leiter darf also keinesfalls in Nähe der einfachen oder doppelten Netzfrequenz liegen (etwa 5% Unterschied).

Die sekundliche Eigenschwingungszahl einer beiderseitig eingespannten Schiene ermittelt man aus der Formel

$$n = 112 \sqrt{\frac{E \cdot J}{g \cdot l^4}}. \qquad \qquad (47)$$

Darin bedeuten:

E den Elastizitätsmodul des Schienenmaterials in kg/cm²,
J das Trägheitmoment des Schienenquerschnittes in cm⁴,
g das Gewicht der Schiene in kg/cm,
l die freie Länge der eingespannten Schiene in cm.

Für Kupfer ist $E = 1{,}25 \cdot 10^6$ kg/cm².
Für Aluminium ist $E = 0{,}70 \cdot 10^6$ kg/cm².

Das Trägheitsmoment einer rechteckigen Schiene wird ermittelt aus der Beziehung

$$J = \frac{b^3 \cdot h}{12}, \qquad \qquad \qquad (48)$$

in der b die Dicke in der Schwingungsrichtung und h die Höhe senkrecht dazu bedeuten (Abb. 53).

Auf diese Weise errechnet sich die Schwingungszahl einer Kupferschiene mit den Abmessungen $b = 1$ cm, $h = 10$ cm und $l = 100$ cm zu $n \approx 39$. Diese Schwingungszahl liegt noch nicht in der Nähe der

---

[1] J. Biermanns, Überströme in Hochspannungsanlagen, Verlag J. Springer 1926, S. 373 und 374. S. a. World Power 24 (1935), S. 118 sowie E. u. M. 1936, S. 356.

üblichen Periodenzahl von 50 Hz. Eine solche Schiene ist daher den Schwankungen der Kurzschlußkraft noch nicht ausgesetzt.

b) Mechanische Beanspruchung der Stromwandler.

Hinsichtlich der dynamischen Festigkeit der verschiedenen Strom wandlertypen (vgl. z. B. Abb. 54...56c) ist folgendes zu bemerken[1]):

Abb. 54. Schienen- und Stabstromwandler (S & H) der Reihen 3 und 20.

Abb. 55. U-Rohr-Stromwandler (AEG) mit Porzellanisolation der Reihe 10.

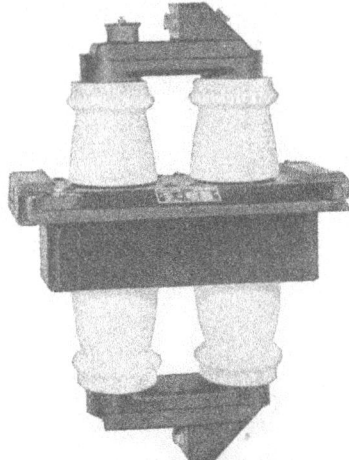

Abb. 55a. Doppel-Durchführungsstromwandler (AEG) mit Porzellanisolation der Reihe 10.

_____

[1]) Ausführlicher siehe in M. Walter, Über die dynamische Kurzschlußfestigkeit von Stromwandlern, ETZ 1936, S. 1172; M. Walter, Strom- und Spannungswandler, R. Oldenbourg, München 1937.

Abb. 56. Topfstromwandler (K & St) mit einteiligem Querloch-Porzellankörper der Reihe 30 nach F. J. Fischer.

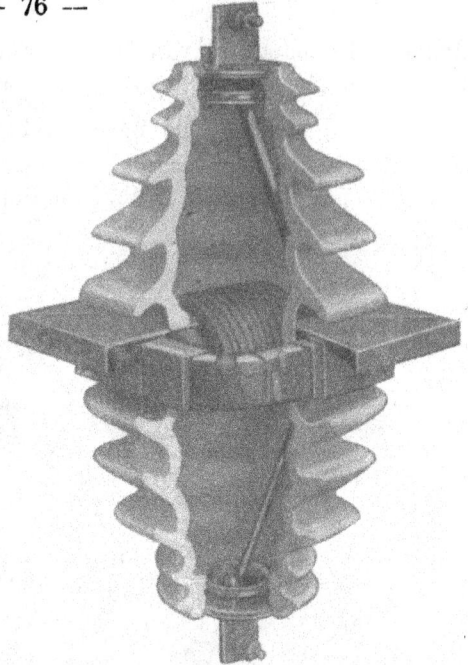

Abb. 56 a. Durchführungsstromwandler (K & St) der Reihe 30 mit einteiligem Querloch-Porzellankörper nach F. J. Fischer.

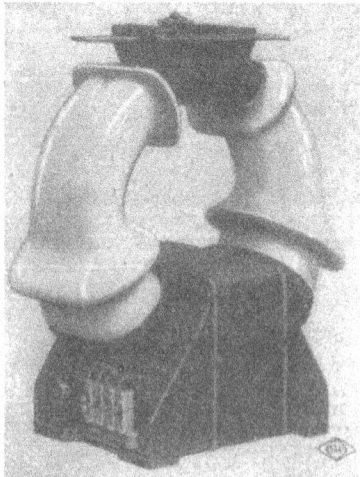

Abb. 56 b. Reifenstromwandler (SW) mit

Abb. 56 c. Stützerkopfstromwandler

a) Einleiterstromwandler (Stab- oder Schienenstromwandler) haben aus baulichen Gründen eine größere mechanische Festigkeit als W i c k e l - w a n d l e r (Topfwandler, Schleifenwandler, Querlochwandler u. dgl.), da sie im Gegensatz zu diesen auf der Primärseite keine einzige Strom- schleife im Innern aufweisen und da ferner bei ihnen der Primärleiter und die Sekundärwicklung symmetrisch und meist konzentrisch zu- einander angeordnet sind. Ihre i n n e r e dynamische Kurzschlußfestig- keit ist daher praktisch unbegrenzt. Die Einleiterwandler (ebenso die Wickelwandler) können jedoch durch die Kräfte des Kurzschlußstromes sehr stark beansprucht werden, die zwischen den Phasenleitern eines Leitungsstranges auftreten und die von außen her auf die Wandler-

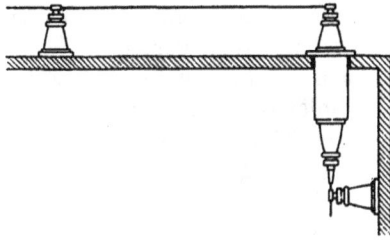

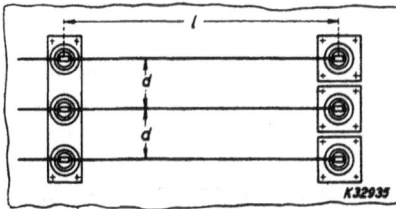

Abb. 57. Äußere dynamische Beanspruchung von Einleiter-Stromwandlern.

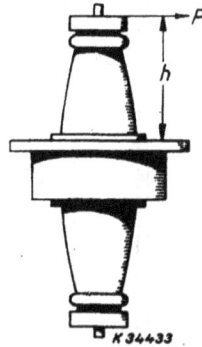

Abb. 58. Stromwandler mit angedeuteter Umbruchkraft P.

isolatoren ähnlich wie auf Stützer und Durchführungen einwirken (Abb. 57). In diesem Falle ist ihre mechanische Festigkeit (äußere dynamische Kurzschlußfestigkeit!) nur b e g r e n z t groß, da die Wandler- isolatoren nun mal nur eine bestimmte Umbruchfestigkeit aufweisen (Abb. 58).

Die Einleiterstromwandler lasser. sich daher eigentlich nur dann als kurzschlußfest bezeichnen, wenn sie in den Anlagen entsprechend weit voneinander eingebaut sind[1]. Den erforderlichen Abstand d kann man unter Zuhilfenahme der Gl. (46) leicht ermitteln.

Zeigt sich, daß der erforderliche Leiterabstand d nicht eingehalten werden kann, sei es, daß die Zelle in der Breite nicht ausreicht oder ihre Tiefe eine Dreieckanordnung statt der ebenen Anordnung nach Abb. 57

---

[1] Im Falle eines e i n p o l i g e n Kurzschlusses ist auch ihre ä u ß e r e Festigkeit praktisch unbegrenzt.

nicht zuläßt, so kann notfalls unmittelbar vor jedem Stromwandler im Zuge des Leiters noch ein Stützer bestimmter Umbruchfestigkeit (nähere Angaben s. Seite 72) zur Entlastung eingebaut werden.

Eine Gefährdung der Stromwandler in einer Anlage durch äußere Kurzschlußkräfte dürfte bei einer Leiterabstützung von Meter zu Meter und bei einem Leiterabstand von etwa 30 cm allerdings erst bei Stoßkurzschlußströmen über 60 kA eintreten. Erfolgt die Abstützung der Leiter bei sonst gleichen Bedingungen, jedoch in größeren Abständen, so können natürlich schon viel kleinere Ströme die Wandler mechanisch gefährden.

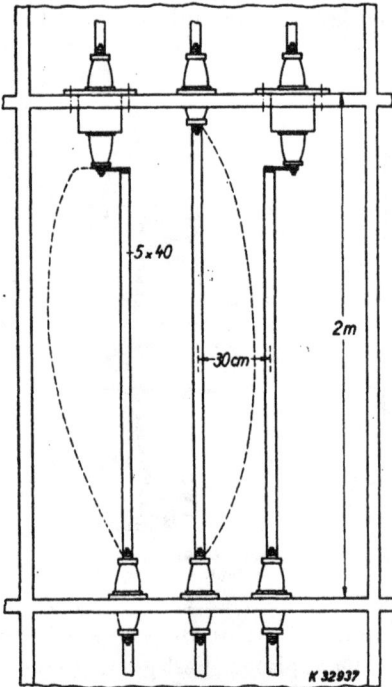

Abb. 59. Fehlerhafte Leiteranordnung mit Stabstromwandlern.

In der Praxis werden beim Einbau von Stromwandlern, insbesondere von Einleiterwandlern, oft grobe Fehler gemacht. Man wiegt sich hierbei im alten Glauben, die Einleiterwandler wären absolut kurzschlußfest und läßt beim Planen die notwendige Sorgfalt und mitunter die elementarsten Forderungen außer acht. Als **Beispiel** sei hier ein Ausschnitt aus einer Anlage .gezeigt (Abb. 59), in der ein Einleiterwandler bei einem Stoßkurzschlußstrom von über 100 kA an seiner Kittstelle locker wurde — ein an und für sich harmloser Fehler — und die dazugehörigen Schienen (5×40 mm²) des Leitungsstranges sich stark verformten, wie es die gestrichelten Linien andeuten. Der Wandler wäre heil geblieben, wenn man vor seinem unteren Ende einen Stützer entsprechender Umbruchfestigkeit vorgesehen hätte, zumal die gesamte Spannweite etwa 2 m beträgt. Die äußere dynamische Beanspruchung wäre am Wandler ebenfalls geringer gewesen, wenn man die Verbindungsschiene an ihrem oberen Ende nicht nach innen, sondern unten an der Durchführung nach außen hin gekröpft hätte; hierdurch wäre der Leiterabstand d größer ausgefallen. Wären an Stelle der verhältnismäßig schwachen Verbindungsschienen kräftigere gewesen, die sich nicht verformt hätten, so wäre möglicherweise der durchgehende Porzellanisolator des Wandlers gebrochen, wie dies bei den Stützen der vorgelagerten Trennschalter und Hauptsammelschienen bei demselben Stoßkurzschlußstrom der Fall war.

b) Wickelwandler sind bei gleichem Kurzschlußstrom dynamisch um so mehr gefährdet, je höher die Anzahl ihrer Primärwindungen ist. Nennstromstärke und Leiterquerschnitt der Wandler spielen dabei praktisch keine Rolle. Besonders stark beansprucht sind die Leitereinführungen der Topfstromwandler, da sie im Isolator immerhin eine verhältnismäßig enge Schleife bilden (Abb. 60). Nimmt diese Bean-

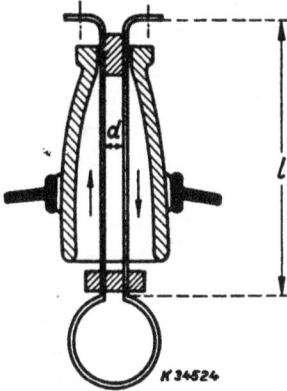

Abb. 60. Leitereinführung bei einem Topfstromwandler.

Abb. 60a. Durch Kurzschlußstrom zerstörter Isolator eines Topfstromwandlers.

spruchung unzulässige Werte an, dann kann sie das Abreißen der Leitereinführungen und die Sprengung des Isolators verursachen (Abb. 60a). Bei Wandlern mit koaxial angeordneten Primär- und Sekundärwicklungen machen sich außerdem infolge von Spulenunsymmetrien starke axiale Schubkräfte bemerkbar, die ebenfalls zur Zertrümmerung der Wandler führen können (Abb. 61 u. 61a). Gegen alle diese Erscheinungen haben jedoch die Herstellerfirmen bei ihren neueren Wickelwandlermodellen bereits weitgehende Maßnahmen getroffen. Sie bestehen im wesentlichen

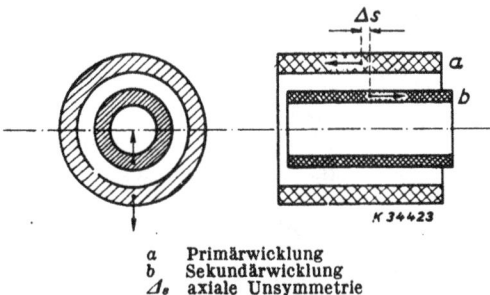

a   Primärwicklung
b   Sekundärwicklung
Δ_s axiale Unsymmetrie
Abb. 61. Richtung der Stromkräfte in koaxialen Wicklungen von Stromwandlern.

Abb. 61a. Durch axiale Schubkräfte zwischen Primär- und Sekundärspule zerstörter Wickelwandler.

darin, daß die Leitereinführungen weit auseinander gelegt und gut abgestützt, die Spulenunsymmetrien dagegen tunlichst von vornherein
vermieden werden.

Zur Beurteilung der hier besprochenen inneren dynamischen
Festigkeit der Wickelstromwandler dient der Begriff »dynamischer
Grenzstrom«. Dynamischer Grenzstrom ist nach der VDE-Regeln
(R.E.W. 1932) die erste (größte) Stromamplitude, die ein Wandler bei
kurzgeschlossener Sekundärwicklung dynamisch aushält, ohne Schaden
zu nehmen; er wird in kA angegeben. Ist jedoch an die Sekundärwicklung eine Bürde (Relais, Meßgeräte oder Zähler) angeschlossen, so
hält der Stromwandler in bezug auf die axialen Schubkräfte einen höheren
Stoßkurzschlußstrom aus, da in diesem Falle der Sekundärstrom durch
das Anwachsen des Übersetzungsfehlers bzw. des Gesamterregerstromes[1])
infolge der größeren Bürde keine so hohen Werte mehr annehmen kann.
Eine Verlagerung bzw. ein Schadhaftwerden der Wicklungen tritt dann
nicht so leicht ein.

Wickelwandler der Nennstromstärke 100/5 A in normaler Ausführung, d. h. Modell a mit 30 VA bzw. 45 VA in Klasse 1, haben z. B.
einen dynamischen Grenzstrom von 35...42 kA. Diese Werte besagen,
daß die erste Stromspitze bei kurzgeschlossener Sekundärwicklung um

Form a (30 VA in Kl. 1)   Form b (60 VA in Kl. 1)   Form c (90 VA in Kl. 1)

Abb. 62. Prinzipbilder von Topfstromwandlern gleicher Reihe mit verschieden großen
Eisenquerschnitten (jedoch einheitlicher Eisenbeschaffenheit) und gleicher AW.-Zahl.

250...300 mal größer sein kann als die Amplitude des Nennstromes[2]).
Die verstärkten Modelle b, c usw. können für dynamische Grenzströme
ausgelegt werden, die weit über dem 300fachen Wert der Amplitude des
Nennstromes liegen. Sie besitzen nämlich wesentlich mehr Eisen als
das normale Modell a und haben deshalb normalerweise eine viel größere
Nennleistung bei gleicher Klassengenauigkeit (vgl. Abb. 62). Man
braucht nur ihre Nennleistung kleiner zu nehmen bzw. der Nennleistung
des Modelles a — gleiche Klassengenauigkeit vorausgesetzt — anzu-

---

[1]) M. Walter, Über die Eigenschaften der Stromwandler für Schutzrelais,
ETZ 1934, S. 483.

[2]) Der kleinere Wert gilt für Wandler der Genauigkeitsklasse 0,5, weil diese
zur Erzielung der erforderlichen Meßgenauigkeit mitunter eine höhere Windungs-
zahl erfordern.

gleichen, indem man ihre Amperewindungszahl verringert und die Leiterquerschnitte bei gleichbleibendem Wickelraum verstärkt.

Den vorstehenden Ausführungen zufolge muß man bei den Stromwandlern zwischen innerer und äußerer dynamischen Kurzschlußfestigkeit unterscheiden. Bei Einleiter-Stromwandlern ist die
innere Kurzschlußfestigkeit praktisch unbegrenzt. Bei den Wickelwandlern ist sie dagegen begrenzt, weil Wicklungen im Innern vorhanden sind, in denen große Kurzschlußströme sehr hohe Kräfte hervorrufen können. Die äußere Kurzschlußfestigkeit ist bei den Ein-
leiter- und Wickelwandlern praktisch gleich groß. Sie hängt im wesentlichen von der Isolator-Umbruchfestigkeit und von der räumlichen
Anordnung, d. h. vom Phasenabstand der Wandler untereinander sowie
der Abstützung der Leiter des Leitungsstranges selbst ab.

Inwieweit die inneren und äußeren Kräfte bei einem Wandler noch
zusammenwirken, ist eine Frage der Wandlerkonstruktion selbst und
der räumlichen Anordnung der Wandler in der Zelle.

2. Thermische Wirkungen.

Die thermische Beanspruchung elektrischer Apparate und Leiter
im Kurzschlußfalle ist nicht nur von der Höhe des Stromes, sondern
auch von der Zeitdauer des Kurzschlusses abhängig. Ihre Erwärmung
kann dabei sowohl vom Stoß- als auch vom Dauerkurzschlußstrom hervorgerufen werden.

Die Bestimmung der thermischen Sicherheit eines Anlageteiles
erfolgt gewöhnlich auf Grund des größten Dauerkurzschlußstromes, der
an seinem Einbauort auftreten kann. Kommt jedoch an diesem Ort
infolge geringer Impedanzen zwischen Fehlerstelle und Stromquelle ein
beachtlicher Stoßkurzschlußstrom zustande, so muß auch dieser für die
Bestimmung der Wärmewirkung mitberücksichtigt werden.

Die Zeitdauer des Kurzschlusses kann je nach den Netzverhältnissen und dem Einbauort der Geräte im Mittel mit 0,5...5 s (Relais-
ablaufzeiten) angenommen werden.

Bei der Bestimmung der thermischen Kurzschlußfestigkeit von
Stromleitern in den Anlageteilen wird im allgemeinen die Wärmeabfuhr
während der Kurzschlußdauer vernachlässigt und demnach angenommen,
daß die gesamte Stromwärme zur Erhitzung des Leiterstoffes beiträgt.

Zum besseren Verständnis für die mit der thermischen Beanspruchung zusammenhängenden Fragen folgt nachstehend eine nähere Betrachtung der Erwärmung von Kupferleitern, wobei auf einige wichtige
Formeln hingewiesen wird, die im wesentlichen zuerst von Binder
angegeben wurden[1]).

---

[1]) L. Binder, Kurzschlußerwärmung in Kraftwerken und Überlandnetzen,
ETZ 1916, S. 589 und 606.

a) Einfluß des Dauerkurzschlußstromes.

Die Erwärmung eines vom Strom durchflossenen Leiters wächst bekanntlich proportional mit der Zeit t und mit dem Quadrat der Stromdichte (j^2). Sie läßt sich durch die Gleichung

$$\vartheta = \frac{\varrho}{\tau} \cdot j^2 \cdot t \quad \dots \dots \dots \dots (49)$$

ausdrücken. Der spezifische Widerstand ϱ und die spezifische Wärme τ sind für warmes Kupfer (50^0 C):

$$\varrho = \frac{1}{50} \frac{\Omega\,\text{mm}^2}{m} \quad \text{und} \quad \tau = 3{,}44 \frac{Ws}{^0\text{C} \cdot \text{cm}^3}.$$

Da $j = \dfrac{I}{F}$ und $\dfrac{\varrho}{\tau} = \dfrac{1}{172} = \dfrac{1}{c}$ sind, so erhält die Gl. (49) die Form

$$\vartheta = \frac{I_d^2 \cdot t}{F^2 \cdot c}. \quad \dots \dots \dots \dots (49\,\text{a})$$

Hier bedeuten:

ϑ die zulässige Erwärmung (Übertemperatur):
für blanke Leiter im Mittel etwa 300^0 C,
für Kabel im Mittel etwa 150^0 C,
für Stromwandler[1]) im Mittel etwa 190^0 C,
I_d den Dauerkurzschlußstrom[2]) in A (konstanter Wert),
t die Zeit in s,
F den Leiterquerschnitt in mm²,
c die Material- und Erwärmungskonstante:
für warmes Kupfer $= 172$,
für warmes Aluminium $= 74$.

Da die zulässige Erwärmung meist gegeben ist, lassen sich aus Gl. (49 a) zwei für die Praxis sehr wichtige Werte bestimmen:

a) Die **zulässige Beanspruchungszeit** eines Anlageteiles bei einem bestimmten Dauerkurzschlußstrom I_d (größter Dauerkurzschlußstrom am Einbauort!) zu

$$t = \frac{\vartheta \cdot F^2 \cdot c}{I_d^2}; \quad \dots \dots \dots \dots (50)$$

b) Der **erforderliche Leiterquerschnitt** für einen bestimmten Dauerkurzschlußstrom und eine bestimmte Kurzschlußdauer zu

$$F = \sqrt{\frac{I_d^2 \cdot t}{\vartheta \cdot c}}. \quad \dots \dots \dots \dots (51)$$

---

[1]) Die zulässige Erwärmung ϑ ist bei Wandlern z. T. abhängig von der Höhe der Vortemperatur der Wandler. Stromwandler mit verstärkten Leiterquerschnitten haben eine niedrige Vortemperatur.

[2]) Der zusätzliche Einfluß des Stoßkurzschlußstromes auf die Erwärmung wird durch die Formel (54) berücksichtigt.

Soll in einer Anlage, z. B. in einem Freileitungsnetz, aus betriebstechnischen Gründen hintereinander einmal oder mehrere Male auf einen bestehenden Kurzschluß geschaltet werden, so trägt man diesem Umstand bei der Bestimmung der Leiterquerschnitte dadurch Rechnung, daß man in Gl. (51) unter der Wurzel einen Faktor k vorsieht, der die Anzahl der Abschaltungen des Kurzschlusses angibt. Eine dreimalige Beanspruchung der Leitung mit der Kurzschlußzeit t wird in Gl. (51a) z. B. folgendermaßen berücksichtigt:

$$F = \sqrt{\frac{I_d^2 \cdot t}{\vartheta \cdot c} \cdot k} = \sqrt{\frac{I_d^2 \cdot t}{\vartheta \cdot c} \cdot 3} \quad \ldots \ldots \ldots \quad (51\,a)$$

Der Faktor k kann eigentlich etwas kleiner angenommen werden als die Anzahl der Abschaltungen, da in solchen Fällen meist schon mit beträchtlicher Wärmeableitung zu rechnen ist, zumal viele Werke vor jedem Einschalten immer erst etwa 3 min warten.

Die Formeln (49...51a) gelten, wie schon oben gesagt, nur für gleichbleibende Dauerkurzschlußströme sowie unter der Voraussetzung, daß die erzeugte Stromwärme vollkommen von den Leitern aufgenommen wird. Diese Annahme ist bei der üblichen Kurzschlußdauer von 0,5...5 s durchaus zulässig[1]).

Zahlenbeispiel: In einer Freileitung sollen Wickelstromwandler 100/5 A der Reihe 10 mit einer Nennleistung von 30 VA in Klasse 1 eingebaut werden (vgl. Abb. 62). Der größtmögliche Dauerkurzschlußstrom an der Einbaustelle beträgt 10 000 A. Die unabhängigen Überstromzeitrelais zum Schutze dieser Leitung werden auf 2 s eingestellt.

Es ist zunächst zu ermitteln, wie lange ein Stromwandler normaler Ausführung (Wandlermodell a) mit einem Primärleiterquerschnitt $F = 55\ \text{mm}^2$ Cu diesen Dauerkurzschlußstrom aushält. Mit Formel (50) ergibt sich die zulässige Beanspruchungszeit zu

$$t = \frac{\vartheta \cdot F^2 \cdot c}{I_d^2} = \frac{190 \cdot 55^2 \cdot 172}{10^8} \approx 1\ \text{s}.$$

Ein Wandler gewöhnlicher Ausführung entspricht also den gestellten Anforderungen (2 s Kurzschlußdauer) nicht.

Nach Gl. (51) erhält man den erforderlichen Leiterquerschnitt zu

$$F' = \sqrt{\frac{I_d^2 \cdot t}{\vartheta \cdot c}} = \sqrt{\frac{10^8 \cdot 2}{190 \cdot 172}} \approx 80\ \text{mm}^2.$$

Die nächststärkere Wandlerform b (vgl. Abb. 62) kann diese Bedingung bei der vorgegebenen Leistung von 30 VA in Klasse 1 erfüllen, weil sie mehr Eisen besitzt und infolgedessen bei dieser Leistung weniger Ampere-

---

[1]) S. a. H. Buchholz, Probleme der Erwärmung elektrischer Leiter, Zeitschrift f. angewandte Math. und Mech. 1927, Heft 4.

windungen erfordert. Die Primärleiter können dann bei gleichbleibendem Wickelraum auch mit stärkeren Leiterquerschnitten ausgeführt werden.

Soll nun die Freileitung aus bestimmten betriebstechnischen Gründen nach erfolgter Auslösung noch einmal auf den Kurzschluß geschaltet werden, so ist ein Primärleiterquerschnitt von

$$F'' = \sqrt{\frac{I_a^2 \cdot t}{\vartheta \cdot c} \cdot k} \approx 80 \cdot \sqrt{2} \approx 113 \text{ mm}^2$$

notwendig. Die leistungsfähigere Wandlerform c der gleichen Reihe (Abb. 62) kann bei der geforderten Leistung und Genauigkeit unter Verringerung der Anzahl der Primärwindungen mit einem solchen Leiterquerschnitt ohne weiteres versehen werden.

Zur Kennzeichnung der thermischen Kurzschlußfestigkeit von Stromwandlern, Relaisspulen u. dgl. bedient man sich oft des Begriffes **thermischer Grenzstrom,** worunter diejenige Stromstärke verstanden wird, die der betreffende Apparat ohne übermäßige Erwärmung eine Sekunde lang aushält. Diesen thermischen Grenzstrom, der übrigens in der Praxis auch mit **Sekundenstrom** bezeichnet wird, kann man für Wandler ermitteln nach der in den VDE-Regeln enthaltenen Formel:

$$\boxed{I_{\text{therm}} = \frac{180 \cdot F}{1000} \text{ in kA}}, \quad \ldots \ldots \ldots \text{ (52)}$$

in der F den Kupferquerschnitt der Primärwicklung in mm² bezeichnet. Der Faktor 180 bedeutet die höchstzulässige Stromstärke je mm² Cu während 1 s, bei der die Endtemperatur von 200° C nicht überschritten wird[1]. Für Aluminium gilt der Faktor 118. Der weitere physikalische Inhalt der Formel (52) geht aus der Gl. (49a) hervor.

Will man wissen, welche Stromstärke z. B. Einleiter-Stromwandler (Primärleiterquerschnitt 285 mm²) mit dem thermischen Grenzstrom von 50 kA 4 s lang anstandslos aushalten (die Relais des zugehörigen Hochspannungsschalters seien z. B. auf 4 s eingestellt), so wird die Beziehung

$$\boxed{I_{1s} = I_k \cdot \sqrt{t_k}} \quad \ldots \ldots \ldots \ldots \text{ (53)}$$

benutzt[2]), und man erhält daraus den Kurzschlußstrom für 4 s zu

$$I_{4s} = \frac{I_{1s}}{\sqrt{t_k}} = \frac{50000}{\sqrt{4}} = 25000 \text{ A.}$$

---

[1] Über 200° C kann die Windungsisolation aus Baumwolle bei Wickelwandlern Schaden nehmen und dadurch zum Windungsschluß führen. In Frankreich und Rußland wird eine Endtemperatur von 250° zugelassen.

[2] Die Formel (53) hat natürlich auch für Wickelwandler Gültigkeit.

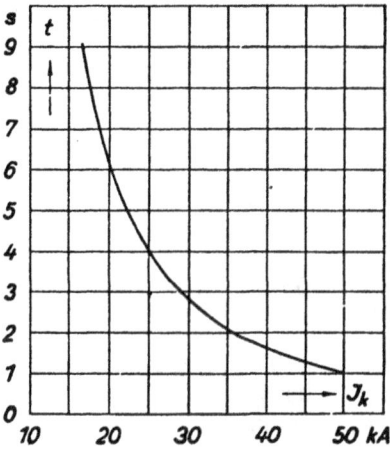

Abb. 63. Zulässige Dauer der thermischen Beanspruchung eines Stabstromwandlers mit einem Primärleiterquerschnitt von rd. 285 mm² Cu in Abhängigkeit von der Stromstärke.
Zeichnerische Darstellung der Formel (53).

In Gl. (53), deren zeichnerische Darstellung aus Abb. 63 ersichtlich ist, bedeuten I_{1s} den Sekundenstrom in A, I_k den Kurzschlußstrom in A und t_k die Kurzschlußdauer in s.

Schließlich kann aus dem Sekundenstrom auch die zulässige Beanspruchungszeit t_k bei gegebener Kurzschlußstromstärke I_k ermittelt werden.

Wickelwandler in normaler Ausführung (Modell a) haben bei Nennstrom gewöhnlich eine Stromdichte von rd. 2 A/mm². Ihr thermischer Grenzstrom ist gleich dem 90- bis 100 fachen Nennstrom[1]). Die verstärkten Modelle (b, c, d, e usw.) halten wesentlich höhere thermische Grenzströme aus, wenn ihre Leistung und Genauigkeit der des Wandlermodelles a angeglichen werden.

b) Einfluß des Stoßkurzschlußstromes.

Sind am Einbauort irgendeines Anlageteiles große Stoßkurzschlußströme zu erwarten, so muß deren zusätzliche Wärmewirkung, wie schon erwähnt, ebenfalls berücksichtigt werden[2]). Das kann dadurch geschehen, daß man zu der eigentlichen Kurzschlußzeit t einen Zuschlag Δt macht (fiktive Zeit). Die gesamte Erwärmung des Kupferleiters ist dann in Erweiterung der Formel (49a)

$$\vartheta' = \frac{I_d^2 (t + \Delta t)}{F^2 \cdot c} \ldots \ldots \ldots \ldots \quad (54)$$

Die Größe der Zuschlagszeit Δt hängt ab vom Verhältnis des Stoßkurzschlußstromes I_s zum Dauerkurzschlußstrom I_d sowie von der Größe der wirksamen Streuungs-Zeitkonstanten[3]) T_w des Ständers und Läufers

---

[1]) Seit einiger Zeit werden die Wickelwandler normaler Ausführung von einigen Lieferfirmen so ausgeführt, daß sie sogar den 120fachen Nennstrom 1 s lang vertragen.

[2]) P. Jacottet und F. Ollendorff, Praktische Berechnungsmethode für den Stoßkurzschlußstrom von Drehfeldmaschinen, ETZ 1930, S. 296.

[3]) P. Jacottet und F. Ollendorff, Praktische Berechnungsmethode für den Stoßkurzschlußstrom von Drehfeldmaschinen, ETZ 1930, S. 296. — H. Rüdenberg, Kurzschlußströme beim Betrieb von Großkraftwerken, 1925, J. Springer, S. 60. — J. Biermanns, Überströme in Hochspannungsanlagen, 1926, J. Springer, S. 377...386.

der Maschine beim zwei- und dreipoligen Kurzschluß. Als Näherungsformel für $\varDelta t$ gilt:

Beim zweipoligen Kurzschluß

$$\varDelta t = \left(\frac{I_s}{1,8 \cdot I_d^{\text{II}} \cdot \sqrt{2}}\right)^2 \cdot T_w^{\text{II}}, \quad \ldots \ldots \ldots \quad (55)$$

beim dreipoligen Kurzschluß

$$\varDelta t = \left(\frac{I_s}{1,8 \cdot I_d^{\text{III}} \cdot \sqrt{2}}\right)^2 \cdot T_w^{\text{III}}. \quad \ldots \ldots \ldots \quad (56)$$

Die wirksame Zeitkonstante T_w ist beim zweipoligen Kurzschluß infolge geringerer Dämpfung (Ankerrückwirkung, s. S. 56) größer als beim dreipoligen. Aus oszillographischen Aufnahmen wurden für den Klemmenkurzschluß folgende Durchschnittswerte ermittelt:

$$T_w^{\text{II}} \approx 0,6 \text{ s} \quad \text{und} \quad T_w^{\text{III}} \approx 0,3 \text{ s}.$$

Mit wachsender Kurzschlußentfernung nehmen diese Werte beim zweipoligen Kurzschluß etwa bis auf 0,2 s, beim dreipoligen etwa bis auf 0,1 s ab[1]).

Da die Kurzschlußströme beim zweipoligen Schluß an den Maschinenklemmen etwa den 1,5 fachen Wert des Stromes beim dreipoligen Schluß besitzen, so ergibt sich aus den Formeln (55) und (56), daß die Zuschlagszeiten für den zwei- und dreipoligen Kurzschluß nahezu gleich groß sind.

Die Zuschlagszeit $\varDelta t$ kann unter Umständen mehrere Sekunden betragen. Besonders groß ist diese fiktive Zeit dann, wenn die Maschinen mit dem Netz galvanisch verbunden sind und die Kurzschlüsse in geringer Entfernung von der Stromquelle auftreten. Auf S. 128 ist ein entsprechendes Zahlenbeispiel angeführt.

3. Schlußbemerkungen.

Eine thermische Gefährdung der Generatoren und Transformatoren (soweit diese mit den Generatoren Einheiten darstellen) durch ihre eigenen Kurzschlußströme besteht in der Regel nicht, wenn die dazugehörigen Schalter, Relais oder Auslöser nicht gerade versagen. Gefährdet werden dagegen im allgemeinen schwache Abzweigleitungen, Stromwandlerwicklungen, Wicklungen von Primärrelais usw.

In den vorhergehenden Abschnitten wurde die dynamische und thermische Beanspruchung der Stromwandler deshalb so ausführlich

---

[1]) Nähere Untersuchungen s. in P. Jacottet, Dämpfung und Wärmewirkung des Stoßstromes bei einfach gespeistem Netzkurzschluß, Archiv f. Elektr. 1932, S. 679.

behandelt, weil die Stromwandler sehr wichtige Bestandteile elektrischer Anlagen darstellen und immer mehr an Bedeutung gewinnen und weil gerade an sie vielfach äußerst harte Bedingungen gestellt werden. Einerseits sollen sie durchaus kurzschlußfest sein, andererseits aber aus meß- und schutztechnischen Gründen auch bei sehr kleinen Nennstromstärken hohe Nennleistung und Meßgenauigkeit aufweisen. Zwei Forderungen, denen nicht immer entsprochen werden kann, und zwar weniger aus technischen als aus wirtschaftlichen Gründen.

F. Begrenzung der Kurzschlußströme und ihrer Auswirkungen.

Die Begrenzung der Kurzschlußströme kann im wesentlichen durch folgende Mittel bzw. Maßnahmen erzielt werden:

a) durch Kurzschluß-Drosselspulen,
b) durch selbsttätige Strombegrenzungsregler,
c) durch Eisen-Schutzwiderstände und Hochspannungs-Schmelz-sicherungen,
d) durch Erhöhung der Transformator-Kurzschlußspannung,
e) durch Erhöhung der Betriebs-Nennspannung,
f) durch Unterteilung der Sammelschienen,
g) durch zweckmäßige Auflockerung der Netzvermaschung.

Diese Mittel führen je nach den Netzverhältnissen entweder schon **einzeln** oder aber in irgendeiner geeigneten Verbindung zum Ziel. Durch die Begrenzung der Kurzschlußströme werden auch deren mechanische und thermische Wirkungen stark abgeschwächt, denn die Beanspruchungen der Anlageteile nehmen, wie im Kapitel E gezeigt wurde, quadratisch mit der Stromstärke ab [s. die Gl. (46) und (49a)]. Außerdem verhindern die genannten Mittel und Maßnahmen, mit Ausnahme der Strombegrenzungsregler, ein allzustarkes Absinken der Netzspannung bei Kurzschluß und beeinflussen dadurch im günstigen Sinne die Netzstabilität.

1. Kurzschluß-Drosselspulen.

Kurzschluß-Drosselspulen sind elektrische Apparate mit hohem Blindwiderstand (vgl. die Abb. 65...67 und die Ausführungen im Abschnitt 4 des Kapitels C), die unmittelbar in den Hauptleitungszug zwecks Erhöhung des Gesamtblindwiderstandes der Kurzschlußbahn eingebaut werden. Sie haben, je nachdem, wo sie verwendet werden (in Abzweigleitungen oder Sammelschienen), bei Nennstrom einen induktiven Spannungsabfall von etwa 3...15% und dienen in der Hauptsache zur Begrenzung[1]) der Kurzschlußströme in ihrer Größe sowie in ihren Auswirkungen. Sie werden grundsätzlich **ohne Eisen** ausgeführt,

---

[1]) Teilweise auch zur Erhöhung der Netzstabilität in Kurzschlußfällen.

damit ihr Blindwiderstand auch bei den größten Kurzschlußströmen stets den gleichen Wert beibehält. Bei Drosselspulen mit Eisenschluß würde der Blindwiderstand mit wachsender Stromstärke infolge der Eisensättigung abnehmen. Derartige Drosselspulen sind deshalb für eine wirksame Strombegrenzung ungeeignet. Diese Verminderung des Blindwiderstandes einer Eisendrosselspule ist bedingt durch das Kleinerwerden der magnetischen Leitfähigkeit (Permeabilität) des Feldträgers und mithin der Induktivität.

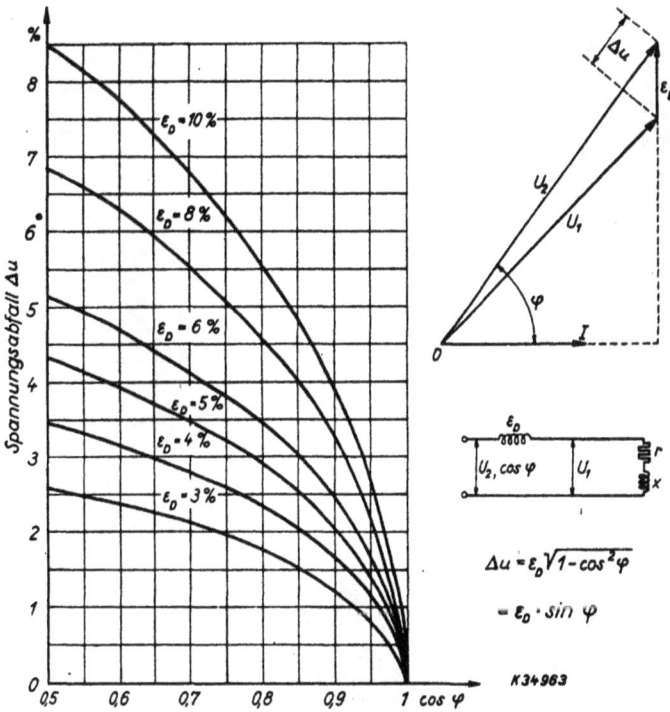

Abb. 64. Betriebsmäßige Spannungsabfälle an Kurzschluß-Drosselspulen in Abhängigkeit des Leistungsfaktors.

Der Wirkwiderstand der Kurzschluß-Drosselspulen ist bei richtiger Bemessung ihrer Leiterquerschnitte meist so klein, daß man ihn bei Kurzschlußstromberechnungen vernachlässigen kann. — Die Wirkverluste der Drosselspulen sind im Normalbetrieb verhältnismäßig gering. Für die Abführung der Verlustwärme muß jedoch auch hier ähnlich wie bei den Transformatoren Sorge getragen werden.

Im normalen Betrieb verursachen die Kurzschluß-Drosselspulen gewöhnlich kleinere (günstigere) Spannungsabfälle als man auf Grund ihrer Nennwerte ε_D annehmen dürfte. Der Grund hierfür liegt darin, daß die Spannungsabfälle des geschützten Anlageteiles sich geometrisch

Abb. 65. Dreipolige Kurz-
schluß-Drosselspule in stehender Anordnung mit Leitungs-
führung im Innern der Spule.

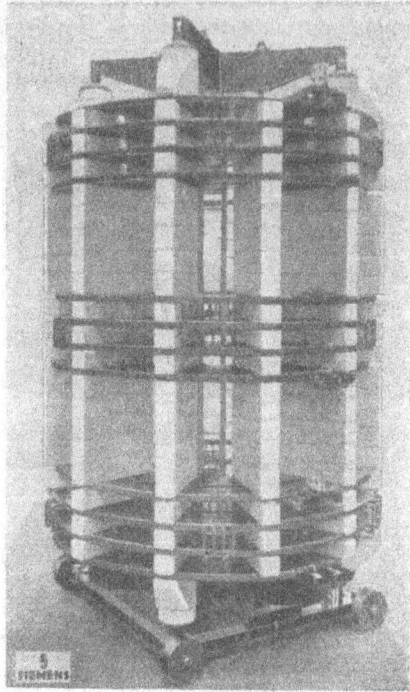

Abb. 65 a. Dreipolige Kurzschluß-Drosselspule
in stehender Anordnung mit Hubwagen.

Abb. 66. Dreipolige Kurzschluß-Drosselspule in liegender Anordnung.

addieren. Die Größe der Spannungsänderungen ist daher stark vom Leistungsfaktor des Anlageteiles abhängig; bei cos $\varphi = 0$ wird erst der Nennwert ε_D der Drosselspule erreicht.

Die im gewöhnlichen Betrieb auftretende Spannungsverminderung kann aus den Kurven der Abb. 64 für verschiedene Nennwerte ε_D als Funktion von cos φ leicht abgelesen oder aus der Formel in der gleichen Abbildung angenähert errechnet werden.

Hinsichtlich der Ausführung unterscheidet man ein- und dreipolige Drosselspulen, deren grundsätzliche Bauformen in den Abb. 65...67 gezeigt werden[1]). Die Verwendung der einen oder anderen Bauform richtet sich nach dem vorhandenen Einbauraum.

Beim Einbau der Drosselspulen in einem Schalthaus ist zu beachten, daß in ihrer Nähe keine Eisenteile, besonders Drahtgittertüren, sein

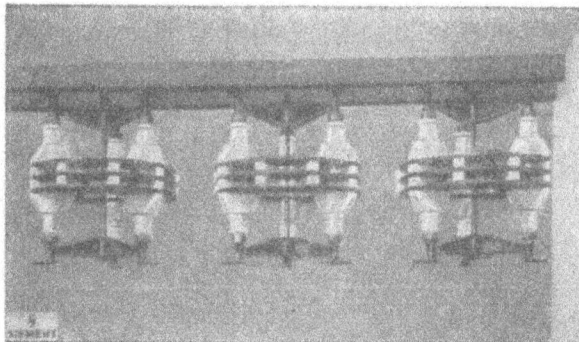

Abb. 67. Drei einpolige Kurzschluß-Doppelspulen in hängender Anordnung.

dürfen, da sonst durch die Streuflüsse eine Erwärmung dieser Teile eintritt und sie überdies bei Kurzschluß in die Spulen gezogen werden.

Kurzschluß-Drosselspulen ohne Eisen bieten in den meisten Fällen den wirksamsten Schutz sowohl gegen die Dauer- als auch besonders gegen die Stoßkurzschlußströme. Sie werden hauptsächlich an folgenden Stellen verwendet:

    a) in den Sammelschienen,
    b) in den Speise- bzw. Abzweigleitungen und mitunter
    c) an älteren Generatoren.

    a) **Sammelschienen** für Betriebsspannungen bis zu 30 kV — bei höherer Spannung sind die Kurzschlußströme bei gleicher Maschinenleistung naturgemäß kleiner — werden in Großkraftwerken und großen

---

[1]) Weitere Drosselspulen-Ausführungen siehe in L. Soelch und G. Henselmeyer, Fortschritte im Bau von Kurzschluß-Drosselspulen, Siemens-Zt. 1935, S. 181 sowie in AEG-Druckschrift, Kurzschluß-Drosselspulen (Beton-Reaktanzspulen) TRO/V 1027a, Febr. 1934.

Umspannwerken sehr oft in Gruppen unterteilt und durch Strombegrenzungs-Drosselspulen ($\varepsilon = 8...15\%$) miteinander verbunden (Abb. 68),
um die Ströme bei Kurzschluß in den Teilsammelschienen, abgehenden
Leitungen und Generatoren in mäßigen Grenzen zu halten. Entsteht

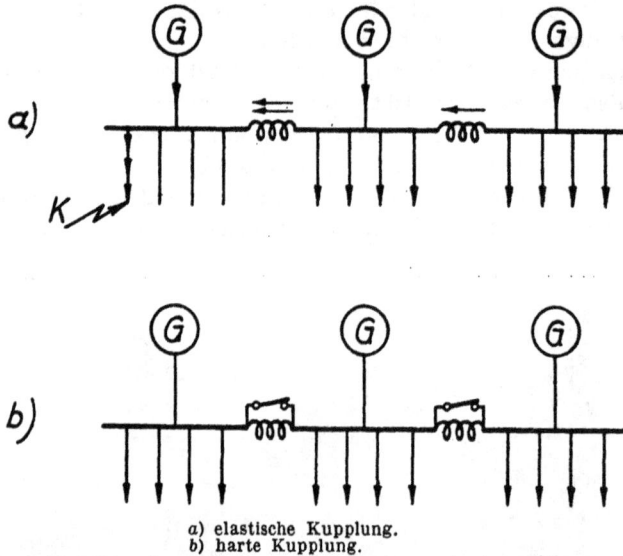

a) elastische Kupplung.
b) harte Kupplung.
Abb. 68. Kurzschluß-Drosselspulen ($\varepsilon_D = 8...15\%$) in den Sammelschienen eines Kraftwerkes.

z. B. in dem mit dem Pfeil *K* gekennzeichneten Leitungsabzweig ein
Kurzschluß, so müssen die Ströme der Nachbargeneratoren ihren Weg
zur Fehlerstelle über die dazwischenliegenden Drosselspulen nehmen.

Im Normalbetrieb führen die Drosselspulen hier gewöhnlich nur geringe Ströme. Es kann jedoch auch der Fall eintreten, daß große Leistungen aus den Nachbarabschnitten bezogen werden müssen. Um zu
verhindern, daß unter diesen Umständen der Spannungsabfall zu groß
wird, erhalten die Drosseln mancherorts
Hochspannungs-Überbrückungsschal-
ter (Abb. 68b). Diese Schalter über-
brücken die Drosselspulen im Normalbetrieb und geben sie im Kurzschluß
frei, indem sie selbst praktisch unverzögert geöffnet werden. Der Nachteil
dieser Anordnung besteht darin, daß
die ersten und größten Stromspitzen
des Stoßkurzschlußstromes wegen der
Eigenzeit der Schalter (0,1...0,3 s) von
der Begrenzung ausgenommen sind.

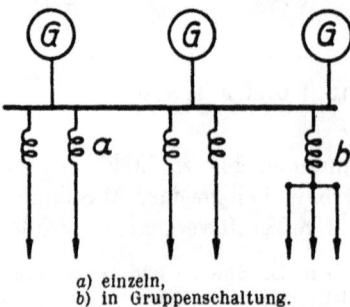

a) einzeln,
b) in Gruppenschaltung.
Abb. 69. Kurzschluß-Drosselspulen
($\varepsilon_D = 3...8\%$) in Drehstrom-Abzweig-
leitungen.

b) Speise- bzw. Abzweigleitungen schützt man durch Strombegrenzungs-Drosselspulen ($\varepsilon_D = 3...8\%$) meist einzeln (Abb. 69a), seltener in Gruppen (Abb. 69b). Der Schutz durch Drosselspulen ist besonders angebracht in schwachen Abzweigleitungen (z. B. für Eigenbedarfsanlagen), bei denen die Nenn-Durchgangsleistung im Verhältnis zur Kurzschlußleistung der vorgelagerten Maschinen sehr klein ist (s. a. das Zahlenbeispiel auf Seite 138). Was die Leitungsart anbelangt, so sind Kabel schutzbedürftiger als Freileitungen, da sie an und für sich gegen Erwärmung wesentlich empfindlicher sind. Bei ihnen darf die kurzzeitige Erwärmung etwa 150° C nicht überschreiten, damit ihre

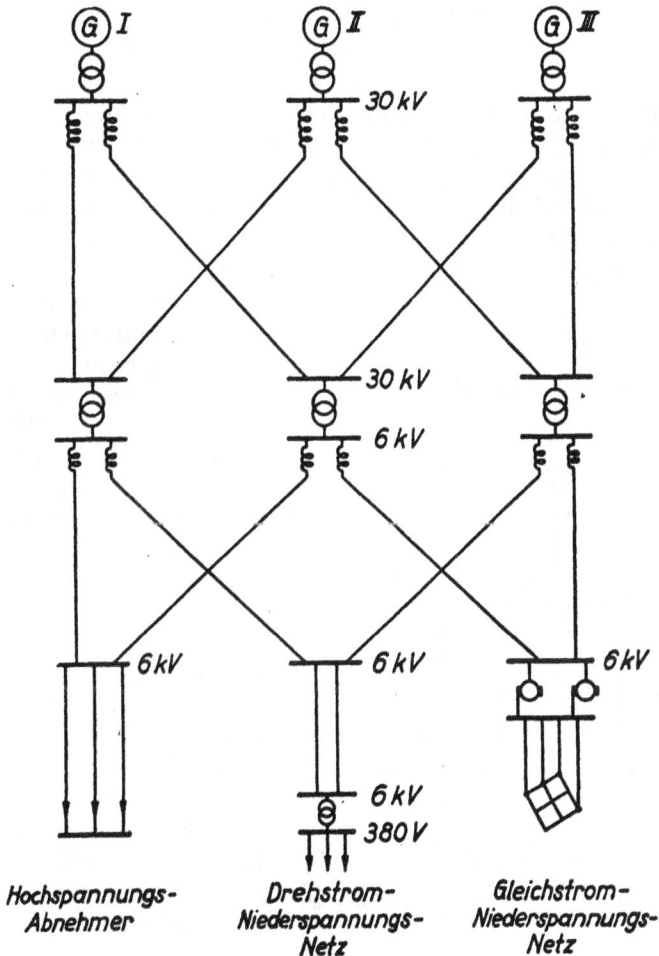

Abb. 70. Vermaschtes Kabelnetz mit Kurzschluß-Drosselspulen.
(Die Generatoren *I...III* können im gleichen Kraftwerk oder in verschiedenen Werken aufgestellt sein.)

dielektrischen Eigenschaften unverändert gut erhalten bleiben. Cu-Freileitungen vertragen dagegen eine Erwärmung bis zu 300° C ohne weiteres. — Besonders stark gefährdet sind bei großen Kurzschluß-strömen Kabel, Stromwandler, Primärrelais usw. mit kleinen Leiter-querschnitten, da die Erwärmung mit abnehmendem Leiterquerschnitt quadratisch ansteigt. Um die volle Betriebssicherheit auch bei ihnen zu erreichen, müssen entweder im Leitungszug Strombegrenzungs-Drossel-spulen eingebaut oder überhaupt stärkere Leiterquerschnitte (Mindest-querschnitte) genommen werden, die den vollen Kurzschlußstrom während der festgelegten Kurzschlußzeit (Relaisarbeitszeit) schadlos aushalten.

Als Beispiel des Schutzes einer Gesamtanlage durch Kurzschluß-Drosselspulen zeigt Abb. 70 ein Prinzip-Netzschaltbild mit Drosselspulen in den 30 und 6 kV-Kabeln, wie es in mehreren großen städtischen Kabelnetzen in Europa, z. B. in Berlin, Wien, Bukarest usw. angewendet wird. Die Anordnung der Drosseln ist so gewählt, daß trotz reichlicher Vermaschung der Netze eine sehr wirksame Begrenzung der Kurzschluß-ströme sowohl auf der 30 als auch auf der 6 kV-Seite zustande kommt. Die Besonderheiten dieses Netzbildes findet man leicht heraus, wenn man an verschiedenen Stellen Kurzschlüsse annimmt und die Kurz-schlußströme in den beteiligten Kabelsträngen der Größe nach vergleicht.

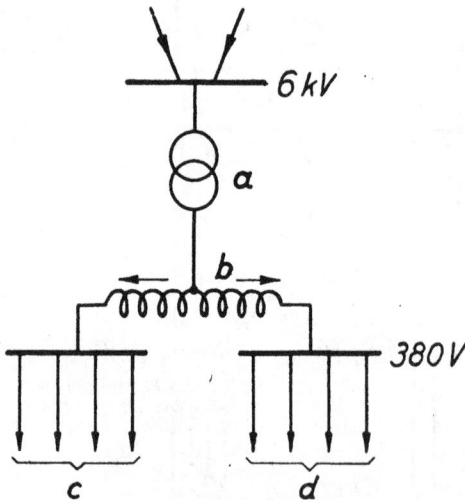

Zur Begrenzung der Kurz-schlußströme in 380 kV-Netzen verwendet die Stadt Berlin (Bewag) eisenlose Drosselspu-len[1], wie in Abb. 71 angedeutet. Die Schaltung ist so getroffen, daß in der Mitte ein 6/0,38 kV-Transformator und an den beiden Enden mehrere 380 V-Kabel angeschlossen sind. Durch diese Anordnung wird erreicht, daß im Normalbetrieb praktisch kein Spannungsab-fall an der Drossel b auftritt, weil die Ströme in den beiden Spulenhälften entgegengesetzt gerichtet sind und die Felder sich dabei infolge der bifilaren

a Transformator,
b Kurzschluß-Drosselspule,
c und d Abzweigkabel.

Abb. 71. Prinzipschaltbild einer Netzstation mit Kurz-schluß-Drosselspule in Sonderausführung (Doppel-wicklungsspule).

[1] E. Krohne, Betriebs- und Versuchsergebnisse mit den neuen Nieder-spannungs-Maschennetzen der Berliner Städt. Elektrizitätswerke A.G. (Bewag), ETZ 1932, S. 645 und 720.

Wicklungsart aufheben. Im Kurzschlußfalle fließt dagegen über die eine Spulenhälfte stets ein größerer Strom als über die andere, so daß dann die Drossel ihre strombegrenzende Wirkung ausüben kann. Die Begrenzung des Stromes ist bei einem Kurzschluß in einem Abzweigkabel der Gruppe c noch stärker, wenn beispielsweise die Abzweiggruppe d zu einem weiteren Speisetransformator Verbindung hat. In diesem Falle werden b e i d e Spulenhälften vom Strom in der gleichen Richtung durchflossen, so daß sich die dazugehörigen Flüsse sogar unterstützen.

c) **Generatoren** -brauchen in den allermeisten Fällen keine Kurzschluß-Drosselspulen, weil sie von Hause aus für ihre eigenen Stoß- und Dauerkurzschlußströme kurzschlußfest gebaut sind. Nur bei älteren Generatoren mit geringer Streureaktanz sind Drosselspulen unter Umständen am Platze.

————————

Der Ausbau bzw. Zusammenschluß von Kraftwerken hat oft zur Folge, daß die bestehenden Schaltanlagen und Leitungen den neuen Anforderungen bei Kurzschluß in bezug auf ihre dynamisch und thermische Festigkeit sowie auf das Schaltvermögen der Hochspannungsschalter nicht mehr gewachsen sind. In derartigen Fällen bieten die Strombegrenzungs-Drosselspulen vielfach eine ausgezeichnete Lösung, zumal die Kosten für ihren Einbau im allgemeinen bedeutend geringer sind als die Kosten für den Umbau der bestehenden Anlageteile.

2. Strombegrenzungsregler.

Selbsttätige Strombegrenzungsregler haben die Aufgabe, im Kurzschlußfalle die Erregung der Maschinen durch Zuschaltung eines Widerstandes in den Erregerkreis so zu schwächen, daß ein bestimmter Wert des Kurzschlußstromes nicht überschritten wird. Man stellt sie meistens so ein, daß der Dauerkurzschlußstrom nur noch etwa den 1,3-...1,5-fachen Wert des Nennstromes erreicht. Die ersten Spitzen der S t o ß - k u r z s c h l u ß s t r ö m e jedoch werden dabei in keiner Weise beeinflußt, da sich die Wirkung der Stromregler gewöhnlich erst in 0,3-...0,5 s nach Eintritt des Kurzschlusses bemerkbar macht. Die Beanspruchung der Anlageteile durch den Stoßstrom ist demnach die gleiche wie ohne Regler.

Die Bedeutung der selbsttätigen Stromregler ist etwas im Sinken, da diese bei vielen der heutigen Netze eine Herabsetzung der Kurzschlußströme doch nicht im ausreichenden Maße ermöglichen, vor allem aber, weil sie die Stabilität des Betriebes leicht gefährden. Die Stromregler haben nämlich den grundsätzlichen Nachteil, daß sie in Kurzschlußfällen ein erhebliches Absinken der Netzspannung herbeiführen[1]), wenn

————————

[1]) Die synchronisierenden Kräfte der Maschinen nehmen mit dem Quadrat der Spannung ab.

der Maschineneinsatz in den Kraftwerken nicht gerade sehr groß ist. Dadurch können starke Netzpendelungen entstehen, die gewöhnlich das Außertrittfallen bzw. Abschalten von Einankerumformern, Motoren und unter Umständen auch der Generatoren zur Folge haben. Überdies drücken die Stromregler bei geringstem Maschineneinsatz (nachts und an Sonntagen) die an und für sich schon kleinen Kurzschlußströme in den Netzen noch weiter herab, so daß die Anregeglieder[1]) bestimmter

Abb. 72. Spannungs-Schnellregler (oben) mit zugehörigem Kurzschlußstrom-begrenzer (darunter).

Ausführungen von Schutzrelais nicht mehr in Tätigkeit treten können. Dadurch wird aber nicht nur die Selektivität im Netz gestört, sondern letzten Endes nur noch die Auslösung der Generatorenschalter herbeigeführt. Unter diesen Umständen ist z. B. das Auffinden der Netzfehler sehr erschwert. Ein weiterer Nachteil der Strombegrenzungsregler besteht darin, daß sie bei Einstellung auf einen niedrigen Grenzstromwert

[1]) Überstrom-Anregeglieder, mitunter auch Unterimpedanz-Anregeglieder. Näheres s. in M. Walter, Der Selektivschutz nach dem Widerstandsprinzip, R. Oldenbourg 1933, S. 14...27.

auch bei Überlast ansprechen und dadurch die Betriebsspannung unerwünschterweise herabdrücken. Es gibt allerdings auch Sonderaus-
führungen, die diesen Nachteil nicht aufweisen[1]). Ein Kurzschluß-
begrenzer dieser Art ist aus Abb. 72 ersichtlich.

In verbundgespeisten Netzen werden sich die Strombegrenzungsregler im allgemeinen kaum halten können. Die kommende Entwicklung
ist hier, insbesondere in Höchstspannungsnetzen, vielmehr die, daß man
die Generatoren im Falle eines Kurzschlusses auferregen wird[2]), um ein
Außertrittfallen der Maschinen zu verhindern.

Es gibt in der Praxis auch Netze, bei denen die Verwendung der
Stromregler praktisch unumgänglich ist, z. B. dann, wenn die Unter-
bringung von Kurzschluß-Drosselspulen auf große Schwierigkeiten stößt
und auch die sonstigen Strombegrenzungsmittel sich nicht anwenden
lassen. Mitunter müssen die Strombegrenzungsregler auch als Über-
gangsmaßnahme benutzt werden. Für die Generatoren selbst sind sie
nicht nötig, da diese, wie bereits erwähnt, die eigenen Überströme bei
Kurzschlüssen im Netz auch bei Übererregung durch selbsttätige Span-
nungsregler bis zur Abschaltung, die durch die Relais veranlaßt wird,
anstandslos aushalten.

Die eben erwähnten selbsttätigen Spannungs-Schnellregler soll-
ten im Gegensatz zu den Stromreglern aus Gründen der Spannungshaltung
und der Netzstabilität grundsätzlich bei allen Generatoren vorhanden
sein. In besonders gelagerten Fällen, z. B. bei sehr großer Kraftwerksleistung, ist es jedoch unter Umständen empfehlenswert, ihren Regelbereich bei Kurzschluß durch Strombegrenzungsregler einzuschränken.

Als besonders wirksames Mittel gegen die thermische Gefährdung
von Generatoren[3]) bei eigenem Kurzschluß (Defekt im Generator!)
gilt unter sonst bekannten Mitteln auch die Entregung durch sofortiges
Öffnen des Erregerkreises mittels Spezialschalter, die durch den Differentialschutz, Erdschlußschutz oder zuweilen auch durch den Buchholz-Schutz angeregt werden.

3. Eisen-Schutzwiderstände und Hochspannungs-Schmelzsicherungen.

a) Eisen-Schutzwiderstände.

Einen verhältnismäßig neuen Weg zur Begrenzung hoher Kurzschlußströme stellen die im Jahre 1929 von K. Küppers vorgeschla-
genen temperaturabhängigen Widerstände (Eisenwiderstände) dar, die

---

[1]) E. Courtin, Regler zur Begrenzung des Kurzschlußstromes, AEG-Mitt.
1931, Heft 7.

[2]) Über Sonderfälle s. in V. Aigner, Grenzzustände der Energieübertragung
mit Rücksicht auf die Stabilität, CIGRE 1935, Bericht 113.

[3]) Gilt auch für Kurzschlüsse in den Transformatoren, soweit diese mit den
Generatoren jeweils Einheiten bilden (Abb. 84).

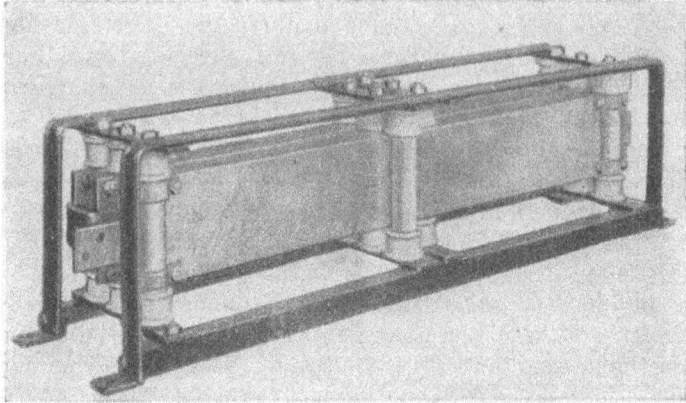

Abb. 73. Eisen-Schutzwiderstand für 400 A Nennstrom und 500 V Nennspannung. Die kurzen Bänder aus weichem Eisen werden durch Porzellanrollen abgestützt und durch ein Eisengerüst getragen.

im Normalbetrieb auf niedriger Temperatur verharren, bei Kurzschluß sich jedoch in kürzester Zeit infolge der starken Zunahme des spezifischen Widerstandes so erhitzen, daß ihr Widerstand sich vervielfacht[1]). Abb. 73 und 74 zeigen derartige Widerstände für 400 A Nennstrom und 500 V Betriebsspannung.

Abb. 74. Eisen-Schutzwiderstände für 400 A Nennstrom und 500 V Nennspannung.

Diese Eisen-Schutzwiderstände werden gewöhnlich so ausgelegt, daß sie beim Nennstrom der betreffenden Abzweigleitung einen Spannungsabfall von nur 0,5% hervorrufen und daß ihr Widerstand im Kurzschlußfalle etwa verachtfacht wird. Die Widerstandszunahme in Abhängigkeit von der Temperatur ist bei den einzelnen Eisensorten verschieden groß (s. die Kurven der Abb. 75).

[1]) K. Küppers, Ein neuer Weg zur Begrenzung hoher Kurzschlußströme, ETZ 1929, S. 674.

In Abb. 76 ist der Verlauf des Kurzschlußstromes als Funktion
der Zeit in Abzweigleitungen mit und ohne Eisenwiderstände dargestellt, wie er sich aus einer überschlägigen Berechnung ergibt. Man sieht

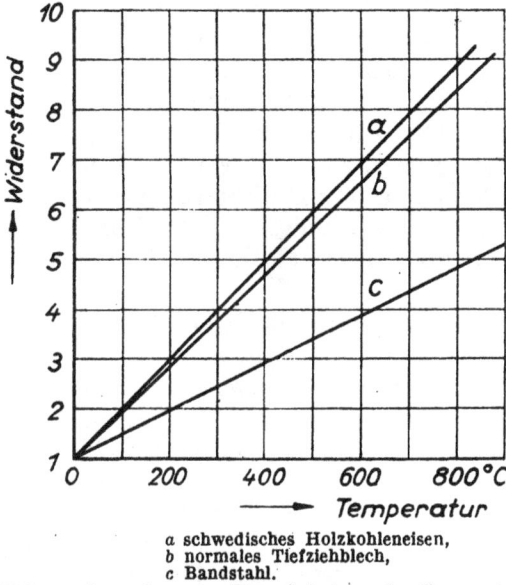

a schwedisches Holzkohleneisen,
b normales Tiefziehblech,
c Bandstahl.

Abb. 75. Widerstandszunahme von Eisen bei steigender Temperatur. (Bei 0° ist hier
der Widerstand gleich 1 gesetzt.)

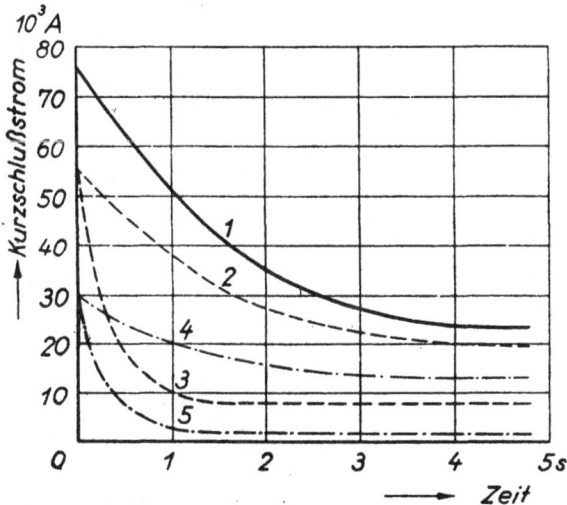

1 ohne Begrenzungswiderstände,
2 mit Begrenzungswiderstand (0,5%, 400 A), ohne Berücksichtigung
der Erwärmung,
3 wie 2, mit Berücksichtigung der Erwärmung,
4, 5 wie 2 und 3, jedoch Begrenzungswiderstand 0,5%, 100 A.

Abb. 76. Verlauf des Kurzschlußstromes in einem 550 V-Kabelabzweig vor und nach Einbau
von Kurzschluß-Begrenzungswiderständen für 400 bzw. 100 A Nennstrom.

daraus, daß der Kurzschlußstrom bereits durch die Widerstände im kalten Zustand eine starke Herabsetzung erfährt. Die Eisen-Schutzwiderstände begrenzen somit nicht nur die Dauerkurzschlußströme, sondern in gewissem Grade auch die Stoßkurzschlußströme.

Die Anwendung der Eisen-Schutzwiderstände ist aus wirtschaftlichen Gründen nur in Niederspannungsnetzen bis zu 3000 V am Platze. Die Eisen-Schutzwiderstände stellen nämlich keine Blindwiderstände dar, wie die Kurzschluß-Drosselspulen, sondern Wirkwiderstände, die bei hohen Betriebsspannungen — gleiche Nennstromstärken vorausgesetzt — immerhin schon beträchtliche Leistungsverluste verursachen, auch wenn sie nur 0,5% Spannungsabfall bei Nennstrom aufweisen. Für hohe Betriebsspannungen fallen die Eisenwiderstände außerdem etwas sperrig aus.

Mit großem Vorteil werden die Eisen-Schutzwiderstände in vorhandenen oder neu zu bauenden Anlagen der Bergwerks-, Hütten-, Textil- und chemischen Industrie verwendet, wo infolge der verhältnismäßig großen Kraftwerksleistungen bei den üblichen Betriebsspannungen von nur 380 bzw. 500 V schon sehr hohe Kurzschlußströme auftreten. Wie die Strombegrenzungs-Drosselspulen sind sie am wirksamsten in Abzweigleitungen, in denen die Kurzschlußströme im Verhältnis zum Nennstrom stets groß sind. Auch in Eigenbedarfsanlagen großer Elektrizitätswerke mit derartigen Spannungen können die Eisen-Schutzwiderstände mit gutem Erfolg verwendet werden.

Die Anschaffungskosten sind im Vergleich zu denen der Reaktanzspulen gering, der Spannungsabfall im Normalbetrieb ist etwa zehnmal so klein. Allerdings darf dabei nicht übersehen werden, daß es sich hier um den Ohmschen Spannungsabfall handelt.

b) Hochspannungs-Schmelzsicherungen.

Die Hochspannungs-Schmelzsicherungen[1]) — auch schnellschaltende Sicherungen[2]) genannt — wie sie in den letzten Jahren auf den Markt gekommen sind (Abb. 77 und 78), haben im Kurzschlußfalle auch eine stark strombegrenzende Wirkung (Abb. 79 und 80). Diese beruht darauf, daß die Hochspannungssicherungen höchstens den Strom zustande kommen lassen, der nötig ist, um den Schmelzleiter zum Abschmelzen zu bringen. Dieser Strom ist nur ein Bruchteil des Wertes, der unter sonst gleichen Verhältnissen bei nicht eingebauten Sicherungen auftreten würde. Die Sicherungen schützen daher die dahinterliegenden Anlageteile nicht nur thermisch, sondern auch dynamisch. Die Schutzwirkung

---

[1]) K. A. Lohausen, Hochspannungs-Schmelzsicherungen, AEG-Mitt. 1935, S. 71, S. 148 und S. 402.
[2]) H. Läpple, Siemens-Zt. 1936, S. 68, und VDE-Fachberichte, Berlin 1934, S. 72.

ist besonders groß bei den Sicherungen für kleinere und mittlere Nennstromstärken.

Die Durchgangsleistungen der HS-Sicherungen können 1500...4000 kVA betragen. Das Abschaltvermögen ist etwa 400 MVA, es kommt also dem von Hochleistungsschaltern gleich.

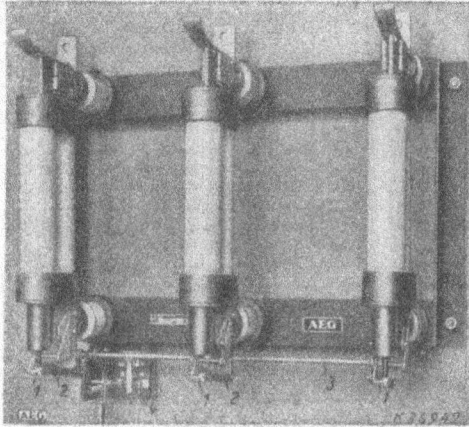

1 Hebel,   3 Gemeinsame Welle,
2 Stoßstange,   4 Kontaktvorrichtung.
Abb. 77. Dreipolige HS-Sicherung 200 A, 3 kV, mit Kontaktvorrichtung (AEG).

Die Hochspannungs-Schmelzsicherungen werden nicht nur mit Trennschaltern, sondern auch in Verbindung mit selbsttätigen Leistungsschaltern oder Leistungs-Trennschaltern (Abb. 90 und 94) verwendet. Die Leistungsschalter dienen dabei zur Abschaltung der gefährdeten Anlage-

Abb. 78. HH-Sicherungen R 333 mit dreipoliger Abschaltmeldevorrichtung (SSW).

teile bei betriebsmäßiger Überlast, die Schmelzsicherungen dagegen bei Kurzschluß.

Ein gewisser Nachteil dieser Leistungssicherungen liegt einstweilen darin, daß sie die zu schützenden Anlageteile bei einigen Fehlerarten nicht allpolig unterbrechen. Bei den HH- und HS-Sicherungen, die in

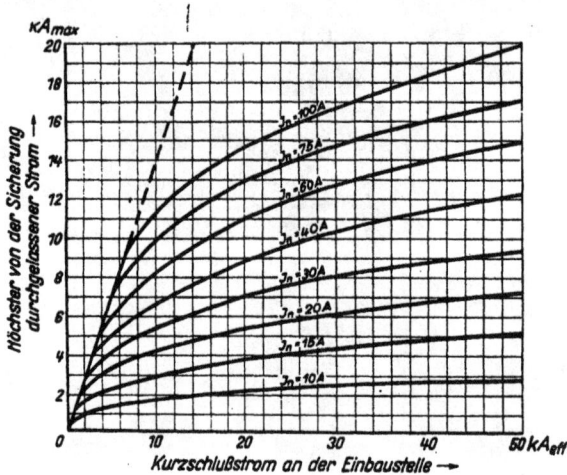

Abb. 79. Schutzwertkennlinien der HS-Sicherungen.

Verbindung mit Schaltern benutzt werden, läßt sich dieser Übelstand jedoch durch Hinzuziehung einer Hilfseinrichtung beseitigen (siehe Abb. 77, 78, 90 u. 94).

Falls die Sicherungen ohne Zusatzschalter benutzt werden, so ist die allpolige Abschaltung zwar nicht gewährleistet, es ist aber durch die bei ihnen angebaute Kontaktvorrichtung (Abb. 77 u. 78) zum mindesten

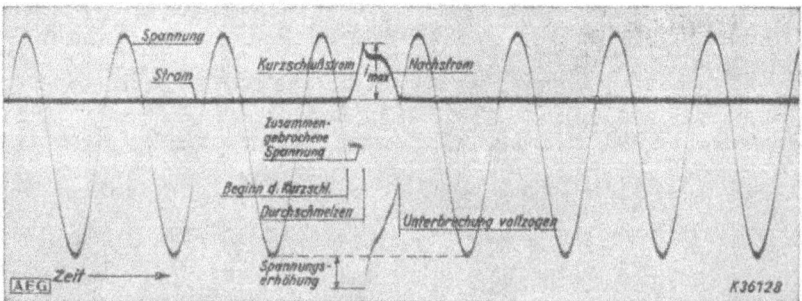

Abb. 80. Kurzschlußunterbrechung mit einer HS-Sicherung.

Nennspannung der Sicherung	. . . .	30 kV
Nennstrom der Sicherung	. . . .	50 A
Spannung beim Versuch	. . . .	14 kV
Kurzschlußstrom (Augenblickswert) {	ohne Sicherungen	17 000 A
	mit "	4 000 A

eine optische oder akustische Warnmöglichkeit gegeben, ein Umstand, der besonders für die Benutzung solcher Sicherungen spricht.

Neuerdings werden auch wieder Ausblase-Sicherungen in vermehrtem Umfange verwendet, die gegenüber den früheren Ausführungen wesentlich verbessert sind[1]. Mit ihnen läßt sich ein empfindlicher Überlastungsschutz erzielen; zugleich besitzen sie eine für Hochspannungs-Sicherungen außergewöhnliche Trägheit. Sie beherrschen Kurzschlußströme bis 8000 A, bei deren Unterbrechung Überschläge zwischen den Phasen oder nach Erde nicht auftreten, da das Ausblasen nur nach einer Seite erfolgt.

4. Sonstige Mittel zur Begrenzung der Kurzschlußströme.

a) Transformatoren mit großer **Kurzschlußspannung**. Wie bereits im Abschnitt 3 des Kapitels C ausgeführt wurde, stellen Transformatoren für den Kurzschlußstrom einen Blindwiderstand dar, dessen Größe der Kurzschlußspannung des Transformators proportional ist. Je größer die Kurzschlußspannung eines Transformators, desto größer ist seine Drosselwirkung auf den Kurzschlußstrom (vgl. Formel 18). Neuzeitliche Transformatoren weisen gewöhnlich Kurzschlußspannungen auf, die je nach der Betriebsspannung 5...12% der Nennspannung betragen. Ältere Transformatoren, insbesondere solche für niedrige Betriebsspannungen, haben dagegen oft kleine Kurzschlußspannungen (bis herunter auf 2%). Ihre Drosselwirkung ist daher sehr gering. Die Kurzschlußspannung derartig harter Transformatoren kann jedoch leicht nachträglich durch **Zusatz-Eisenreaktanzen** (mit großem Luftspalt) erhöht werden (Abb. 81). Von diesem Mittel wird zur Begrenzung der Kurzschlußströme seltener Gebrauch gemacht, öfter dagegen zur Angleichung verschieden großer Kurzschlußspannungen für den Parallelbetrieb alter und neuer Transformatoren.

b) **Dreiwicklungs-Transformatoren** haben in Sonderfällen nahezu die doppelte Drosselwirkung wie im Normalfall. In Abb. 82 ist ein derartiger Fall dargestellt. Der Kurzschlußstrom von den 3 kV-Generatoren gelangt in das kranke 30 kV-Kabel, dessen Kurzschlußstelle mit dem Pfeil K gekennzeichnet ist, über diejenige Wicklungsgruppe des Transformators, die eine Kurzschlußspannung von etwa 11% besitzt, während die anderen Wicklungsgruppen (für den Normalfall!) Streuspannungen von nur 5 und 8% aufweisen. Der Aufbau eines Dreiwicklungs-Transformators sowie die Anordnung der Wicklungen mit den genannten Streuwerten sind im Prinzip aus Abb. 83 ersichtlich.

c) Durch zweckmäßige **Aufteilung der Sammelschienen** in einzelne Gruppen können die Kurzschlußströme in den Teil-Sammelschienen

---

[1] K. A. Lohausen, Neue Hochspannungs-Mittelleistungs-Sicherungen Form GA, AEG-Mitt. 1936, S. 415.

sowie in den angeschlossenen Kabeln und Freileitungen wesentlich herabgesetzt werden. Diese Regel gilt nicht nur für die Sammelschienen in den Kraftwerken, sondern im besonderen Maße auch für die in den

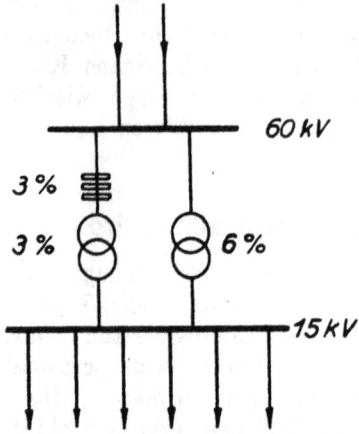

Abb. 81. Angleichung der Kurzschluß-spannungen von Transformatoren.

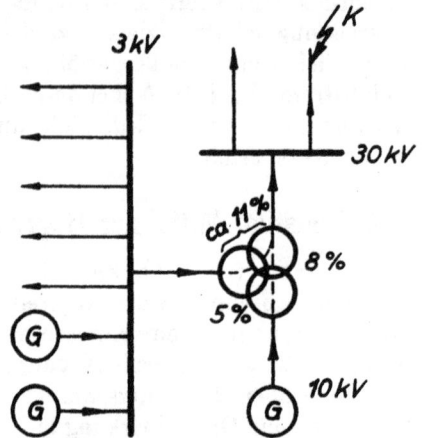

Abb. 82. Dreiwicklungs-Transformator als Kurzschlußschutz (vgl. a. Abb. 83). Kurzschluß an der Stelle K.

Unterstationen (s. a. Abb. 89). Die Unterteilung der Sammelschienen hat noch den Vorteil, daß bei einem Sammelschienenkurzschluß oder beim Versagen eines Schalters in den Abzweigleitungen nur wenige Schalter auszulösen brauchen, wodurch die Addition allzuvieler Auslöse-

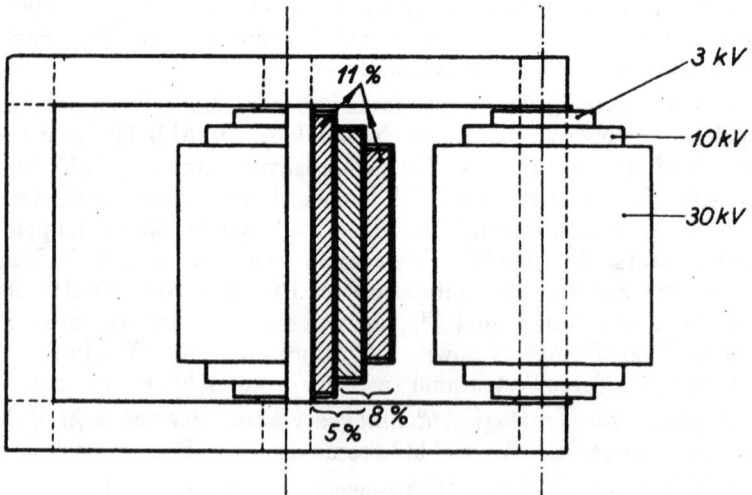

Abb. 83. Aufbau eines Dreiwicklungs-Transformators (vgl. Abb. 82).

zeiten und die damit verbundene Schwächung der Netzstabilität vermieden werden. Ferner führt sie oft zwangläufig zu einer willkommenen Auflockerung der Netzvermaschung, wodurch starke Spannungsabsenkungen in den gesunden Netzteilen ausgeschaltet werden. Die Unterteilung der Sammelschienen kann natürlich auch über Kurzschlußdrosselspulen erfolgen (vgl. Abb. 68).

d) Die **Erhöhung der Netz-Nennspannung** (z. B. von 5 kV auf 10 oder 30 kV) bringt naturgemäß eine Herabsetzung der Betriebs- und Kurzschlußströme mit sich. Die Heraufsetzung der Spannung erfolgt in alten und neuen Anlagen oft in der Form, daß Generatoren und Transformatoren zu Einheiten zusammengefaßt werden (vgl. Abb. 84), um die niedrige Netzspannung wegen des hohen Spannungsabfalles im Speisebetrieb zu vermeiden und um die Ströme auf der Oberspannungsseite im Normalbetrieb und in Kurzschlußfällen in mäßigen Grenzen zu halten. Diese Zusammenfassung hat vielfach noch das Gute, daß die Spannung an den Generatoren infolge der dazwischengeschalteten Transformator-Reaktanz bei den Netzkurzschlüssen nur mäßig

Abb. 84. Generator und Transformator bilden eine Einheit.

zurückgeht, wodurch die Stabilität des Betriebes gegen Pendelerscheinungen viel sicherer wird.

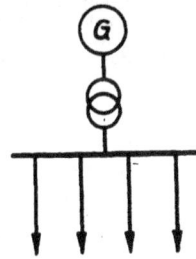

5. Mittel zur Begrenzung der Auswirkungen der Kurzschlußströme.

Zur Begrenzung der Auswirkungen der Kurzschlußströme zählen noch weitere Mittel, von denen im folgenden nur einige kurz erwähnt sein mögen. Eine geeignete Auswahl kurzschlußfester Schalter, Strom-

Abb. 85. Durch Lichtbogen zerstörte Hochspannungs-Schaltkammer.

wandler, Leiter, Stützer und Durchführungen, die den dynamischen und thermischen Wirkungen der an ihrem Einbauort unter den gegebenen Umständen möglichen Kurzschlußströme gewachsen sind, bietet die Gewähr dafür, daß die Zerstörungen nicht noch sonstwo im Kurzschluß-

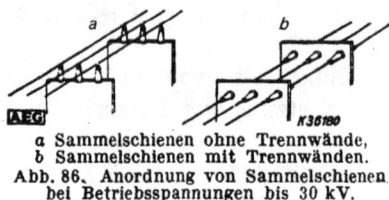

a Sammelschienen ohne Trennwände,
b Sammelschienen mit Trennwänden.
Abb. 86. Anordnung von Sammelschienen
bei Betriebsspannungen bis 30 kV.

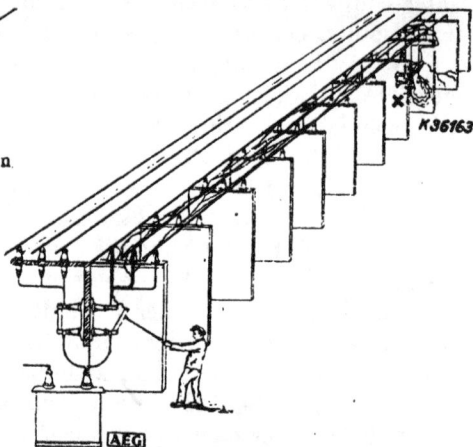

Abb. 87. Wandernder Lichtbogen bei offener Bauweise der Sammelschienen.

pfad auftreten, sondern lediglich auf den Herd am Kurzschlußort beschränkt bleiben[1]). — Zellensysteme der Schaltanlagen (Abb. 85) sowie Zwischenplatten mit Durchführungen im Leitungszug der Sammelschienen (Abb. 86) verhindern das Weiterwandern der Lichtbogen[2]). Abb. 87 zeigt die offene (falsche) Bauweise der Sammelschienen, bei welcher ein durch falsche Bedienung des Trennschalters verursachter Lichtbogen die Sammelschienen vom Anfang bis zum Ende durchläuft und die Apparate in der letzten Schaltzelle vernichtet. Unter Umständen kann während einer solchen Schalthandlung in der letzten Zelle gerade jemand mit Ausbesserungen oder mit der Reinigung der Geräte beschäftigt sein. — Auch in Freiluftanlagen neigt man neuerdings zur Unterteilung der Schalt- und Transformatorenfelder durch besondere Trennwände (Abb. 88). — Schutzrelais, wie Distanzrelais, Differentialrelais und Überstrom-Zeitrelais begrenzen die Auswirkungen der Kurzschlußströme nur zeitlich. Je kürzer die Relaislaufzeiten, desto geringer ist die thermische Beanspruchung der Anlageteile. Kleine Relaislaufzeiten haben außerdem den Vorteil, daß die Anlageteile oft nicht so reichlich bemessen zu sein

Abb. 88. Nachträglich in Freiluftanlage eingebaute Lichtbogenschutzwand zwischen zwei Transformatoren.

[1]) Vgl. z. B. F. Klostermann, Schaltanlagen für Großstadt-Elektrizitätswerke, ETZ 1935, S. 756.
[2]) H. Probst, Entwicklung des Lichtbogenschutzes in Hochspannungs-Schaltanlagen, AEG-Mitt. 1935, Heft 2.

brauchen, so daß sich unter Umständen auch preisliche Vorteile ergeben. Einer Verminderung der Relaislaufzeiten stehen jedoch nicht selten verwickelte Netzgebilde sowie große Eigenzeiten[1]) und kleine Ausschaltvermögen[2]) von Hochspannungsschaltern hinderlich im Wege.

6. Erhöhung der Betriebssicherheit eines übermäßig vermaschten Kabelnetzes.

Zur Vervollständigung der vorstehenden Ausführungen soll noch ein übermäßig vermaschtes Netz (Abb. 89), das kein Musternetz ist, kurz besprochen werden. Derartige Netzgebilde trifft man auch heute noch in vielen Städten an. Sie sind durch geschichtliche Entwicklung entstanden.

Das Netz in unserem Beispiel wird von den Kraftwerken A und B synchron gespeist. Im Kraftwerk B haben die Generatoren selbsttätige Spannungs-Schnellregler, im Kraftwerk A dagegen nicht. Im Schalthaus C sind Motor-Generatoren bzw. Einanker-Umformer in Betrieb. Tritt nun an dem einzigen Sammelschienensystem der Station C ein Kurzschluß auf (Pfeil K), so bricht die Spannung im ganzen 5 kV-Netz sehr stark zusammen, weil die Impedanz des gesamten Kurzschlußpfades infolge der vielen einspeisenden Kabel sehr klein ist und weil die Gleichstromerregung der Generatoren in A durch die Ankerrückwirkung sehr geschwächt wird, da eine Gegenwirkung durch Spannungs-Schnellregler fehlt. Die Generatoren in den beiden Kraftwerken sowie die Umformer in der Station C geraten dadurch ins Pendeln und fallen gänzlich außer Tritt. Hinzu kommt noch, daß die gesamte Abschaltzeit zur vollständigen Abtrennung des Fehlers sehr groß wird, weil die 13 einspeisenden Leitungsstränge infolge der sich ergebenden Stromverteilung meist nicht gleichzeitig, sondern erst nacheinander abgeschaltet werden. Die Stoß- und Dauerkurzschlußströme können sich in einem derartig vermaschten Netz uneingeschränkt auswirken. Daß ein solches Netz reformbedürftig ist, bedarf wohl keiner weiteren Erläuterung mehr.

Die Betriebssicherheit des beschriebenen Netzes kann nun durch folgende Maßnahmen wesentlich erhöht werden:

a) Durch eine geeignete Unterteilung der Sammelschienen mit oder ohne Kurzschluß-Drosselspulen in den Stationen A, C, D und E.

b) Durch Einbau von Kurzschluß-Drosselspulen in den von A, C und D abgehenden Kabeln. Die einmündenden Kabel erhalten keine Drosselspulen.

c) Durch Ausrüstung der Generatoren in A mit Spannungs-Schnellreglern (Netzstabilität wird verbessert).

---

[1]) Große Eigenzeiten der Schalter bedingen große Relaisstaffelzeiten.

[2]) Schalter mit geringem Ausschaltvermögen läßt man wegen des Stoßkurzschlußstromes ungern unmittelbar nach Eintritt des Kurzschlusses abschalten.

d) Durch das Abschalten überflüssiger Kabel bei Schwachlastbetrieb. Der Aufbau der Spannung wird dadurch in Kurzschlußfällen günstiger.

e) Durch Verlegung der 60 kV-Leitungen unmittelbar von *B* nach *A* statt von *B* nach *F* (Erhöhung der Stabilität des Betriebes).

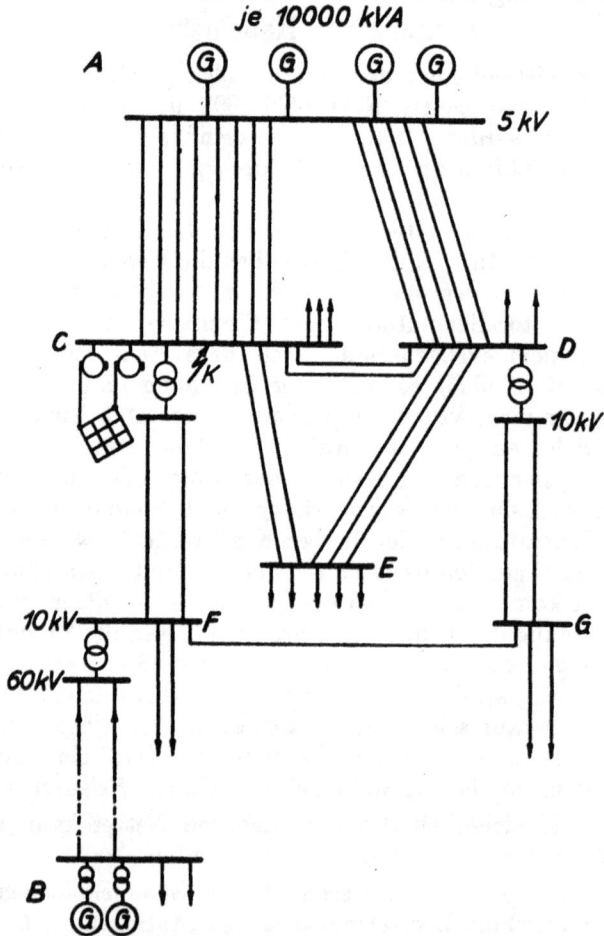

Abb. 89. Übermäßig vermaschtes Kabelnetz.

Hier sind vorwiegend nur die Speisekabel eingezeichnet. Die Abzweigkabel, ausgehend von den Sammelschienen, sind der Übersichtlichkeit wegen zum größten Teil fortgelassen worden.

Bei Anwendung vorstehender Mittel baut sich die Spannung in den vom Kurzschluß betroffenen Kabeln in Richtung auf das Kraftwerk *A* hin schon bis zu verhältnismäßig großen Werten auf und die rotierenden Anlageteile des Netzes erfahren dadurch eine wesentliche Beruhigung während der Kurzschlußdauer.

G. Schaltvermögen von Schaltern und Sicherungen.

1. Allgemeine Betrachtungen.

Die Schaltgeräte, mit denen Kurzschlußströme unterbrochen werden sollen, werden wie folgt definiert:

a) **Leistungsschalter** sind Schalter zum selbsttätigen und willkürlichen Ein- und Ausschalten beliebiger Ströme bis zu dem auf dem Schild angegebenen Schaltvermögen.

b) **Leistungs-Trennschalter** sind Schalter, die wie Leistungsschalter beliebige Ströme bis zu dem auf dem Leistungsschild angegebenen Schaltvermögen schalten und die außerdem wie Trennschalter besonders dem Schutz der Betriebsmannschaft dienen, indem sie einen Stromkreis in allen Leitern zuverlässig erkennbar und mit genügendem Isolationsvermögen auftrennen. Sie werden selbsttätig oder willkürlich ausgeschaltet, aber im allgemeinen nur willkürlich eingeschaltet.

c) **Sicherungen** sind Schaltgeräte mit einem oder mehreren Schmelzleitern zum selbsttätigen Unterbrechen von Überströmen bis zu dem auf dem Sicherungsrohr angegebenen Schaltvermögen.

Für die Auswahl der Schalter ist der Grundsatz maßgebend, daß ihr Ein- und Ausschaltvermögen größer, zum mindesten nicht kleiner ist als die an ihrem Verwendungsort bei den ungünstigsten Netzverhältnissen auftretende Kurzschlußbeanspruchung. Dasselbe gilt bezüglich des Ausschaltvermögens auch für die Schmelzsicherungen.

Das Schaltvermögen der Schalter und Sicherungen wird von einigen Herstellerfirmen seit mehreren Jahren in eigenen Prüffeldern mit Hochleistungsmaschinen festgestellt und den Abnehmern als Garantiewert (Nenn-Einschaltvermögen und Nenn-Ausschaltvermögen) angegeben. Einige Elektrizitätswerke, z. B. die Bewag, prüfen bzw. überprüfen das Schaltvermögen der Schalter und Sicherungen zuweilen auch im Netz unter normalen Betriebsverhältnissen[1]).

---

[1]) Die Bewag besitzt übrigens auch ein Hochleistungsprüffeld zur Prüfung des Schaltvermögens von Schaltern.

Die Abb. 90...101 zeigen neuzeitliche Leistungsschalter und Leistungstrennschalter von mehreren deutschen Herstellern[1]). Ausführungen von Schmelzsicherungen sind aus den Abb. 77 und 78 ersichtlich.

Die Beanspruchung eines Schalters (Druckgas-, Expansions- oder Ölschalters) beim Ausschalten eines Kurzschlusses ist im wesentlichen von folgenden Größen abhängig:

a) Vom **Ausschaltstrom** (Effektivwert des Kurzschluß-Wechselstroms) zur Zeit der Kontakttrennung. Dieser Ausschaltstrom ist stets kleiner als der Stoßkurzschlußstrom, weil während des Schalt-

Abb. 90. Druckgas-Leistungstrennschalter (kompressorlos) CLT 21—10/400, Reihe 10, 400 A, 20 MVA Nennausschaltleistung, mit angebauten HS-Sicherungspatronen für 400 MVA (AEG).

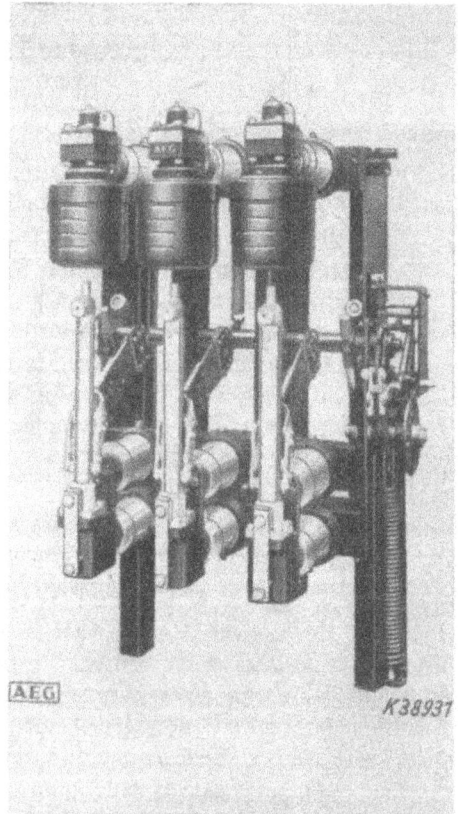

Abb. 91. Kompressorloser Druckgasschalter CKL 100—10/400, Reihe 10, 400 A, 100 MVA Nennausschaltleistung (AEG).

[1]) O. Mayr, Hochleistungsschalter ohne Öl, ETZ 1934, S. 757, 791 837 und 849. — L. Haag und O. Schwenk, Besondere Anwendung des Strömungsprinzips bei öllosen Leistungsschaltern, ETZ 1934, S. 211. — Fr. Kesselring, Der Expansionsschalter, VDJ-Zt. 1934, S. 293.

verzuges (Relaislaufzeit + Schaltereigenzeit) das Gleichstromglied meist bereits abgeklungen und das Anfangs-Wechselstromglied schon mehr oder weniger zurückgegangen ist (vgl. auch die Abb. 40 und 41). Er ist jedoch in den meisten Fällen größer als der Dauerkurzschlußstrom. In Netzen mit starrer Spannung bei Kurzschluß (vgl. die Ausführungen im Abschnitt 4c des Kapitels D) entspricht der Ausschaltstrom dem Dauerkurzschlußstrom.

b) Von der Höhe der **wiederkehrenden Spannung** (Effektivwert), die unmittelbar nach allpoliger Abtrennung des Kurzschlusses zwischen den Leitern auftritt. Die wiederkehrende Spannung wird der Einfachheit halber gewöhnlich gleich der Nennspannung des Netzes angenommen.

c) Vom **Leistungsfaktor,** der die Phasenverschiebung zwischen Strom und Spannung im Kurzschlußpfad, gerechnet vom Schalter bis zum Fehlerort, angibt[1]).

d) Von der **Einschwingungsfrequenz**[2]). Diese bestimmt die Anstiegsteilheit der wiederkehrenden Spannung nach Trennung der Schaltstücke.

Den genauen Wert der Ausschaltleistung in Netzanlagen erhält man nur auf Grund von Kurzschlußversuchen, verbunden mit oszillographischen Aufnahmen, denn die unter a...d aufgeführten Größen können zum Teil nur dadurch bestimmt werden. Dieses Verfahren ist jedoch sehr umständlich und kostspielig und überdies in der Praxis nicht immer durchführbar.

Im Laufe der Zeit wurden daher Näherungsformeln aufgestellt,

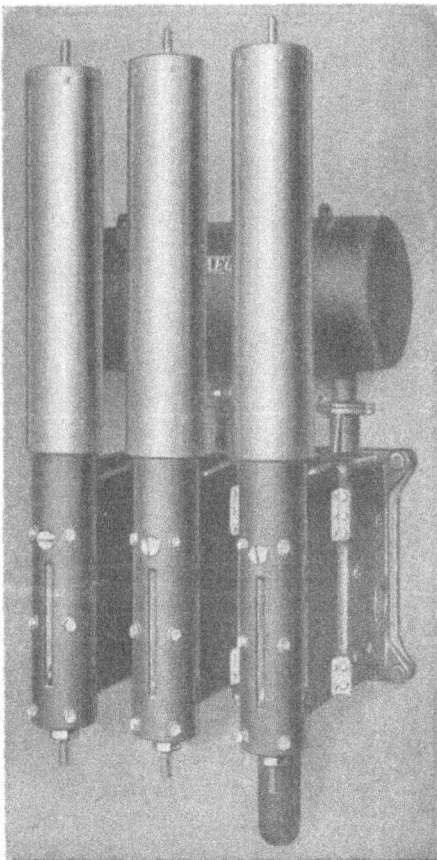

Abb. 92. Druckgasschalter CPM 401—10/600, Reihe 10, 600 A, 400 MVA Nennausschaltleistung (AEG).

---

[1]) S. a. W. Kaufmann, Die Kurzschluß-Phasenverschiebung, ihre Bedeutung für den Abschaltvorgang und ihre Messung, ETZ 1936, S. 109.

[2]) S. a. G. Hameister, Anstieg der wiederkehrenden Spannung nach Kurzschlußabschaltungen im Netz, ETZ 1936, S. 1025.

mit deren Hilfe man die in Netzanlagen zu erwartenden Ausschaltleistungen wenigstens schätzungsweise bestimmen kann. Am meisten wird zur Ermittlung der Ausschaltleistung die einfache Formel

$$N_k = \sqrt{3} \cdot U_n \cdot I_a \quad \dots \dots \dots \dots \quad (57)$$

benutzt, in der

N_k die Ausschaltleistung in MVA,
I_a den Ausschaltstrom an der Verwendungsstelle des Schalters in kA,
U_n die Nennspannung des Netzes in kV und
$\sqrt{3}$ die Verkettungszahl für Drehstrom

bedeuten.

Abb. 93. Freistrahl-Druckgasschalter CPF 1507—100/600, Reihe 100, 600 A, 1500 MVA Nenn-ausschaltleistung (AEG).

Der Ausschaltstrom I_a ist im Abschnitt 2 dieses Kapitels unter b) genau definiert und wird aus Gl. (59) auf Seite 120 ermittelt (vgl. a. Abschnitt 5a...d). In Netzen mit starrer Spannung bei Kurzschluß ist der Ausschaltstrom I_a in Formel (57) gleich dem Dauerkurzschlußstrom I_d zu setzen. I_d kann an Stelle von I_a auch dann in die Gl. (57) einge-setzt werden, wenn der Schaltverzug des gestörten Anlageteiles die Zeit des Ausgleichvorganges im Kurzschlußstromkreis überdauert (nach etwa 2...4 s; vgl. a. Abschnitt 5c).

Die Beanspruchung der Schalter beim Einschalten auf Kurz-schluß hängt von der Größe des Stoßkurzschlußstromes ab (s. a. die Abschnitte unter 2a, 3a und 5).

Das Schaltvermögen der Sicherungen wird durch den Stoßkurzschluß-Wechselstrom ausgodrückt (vgl. die Abschnitte 3d, 4 und 5).

Genauere Angaben über das Ein- und Ausschaltvermögen von Schaltern sowie über das Ausschaltvermögen von Sicherungen folgen in den nachstehenden Abschnitten, die im. wesentlichen einen Auszug aus den REH 1937 darstellen.

2. Begriffserklärungen.

a) Der **Einschaltstrom** beim Schalten auf Kurzschluß wird .durch den Stoßkurzschlußstrom ausgedrückt. Er ist in den einzelnen Leitern je nach dem Schaltaugenblick verschieden; der größte davon kommt in Betracht.

b) Der **Ausschaltstrom** beim Ausschalten eines Kurzschlusses mit einem Schalter wird durch den Effektivwert des Wechselstromanteils im Augenblick der Trennung der Schaltstücke ausgedrückt (symmetrischer Ausschaltstrom). Beim Ausschalten mit mehrpoligen Schaltern gilt der (arithmetische) Mittelwert dieser Ströme in allen Leitern.

Bei Schaltern, deren Mindestschaltverzug [1]) kleiner ist als 0,1 s, wird dagegen als Ausschaltstrom der Effektivwert des gesamten Stromes (Wechsel- und Gleichstromanteil) im Augenblick der Trennung der Schaltstücke

Abb. 94. Leistungstrennschalter (Lastschiebeschalter) AS, Reihe 10, 350 A, mit angebauten Hochleistungssicherungen für 400 MVA (SW).

angegeben (unsymmetrischer Ausschaltstrom). Dabei muß der größte der Effektivwerte in den drei Leitern für den Ausschalt-

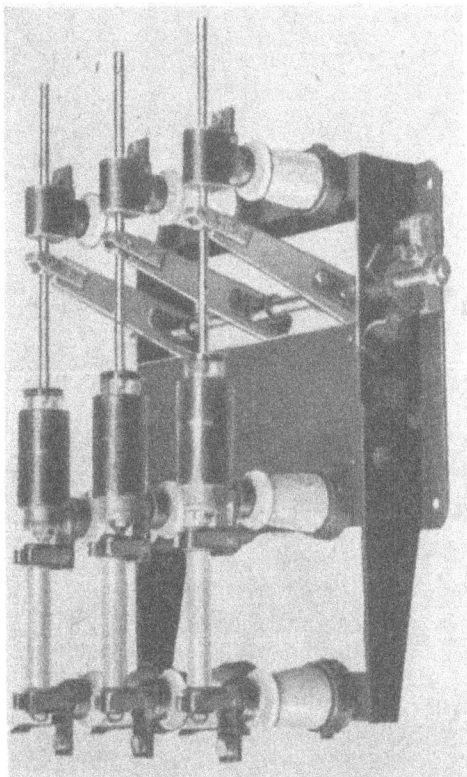

---

[1]) Mindestschaltverzug ist der Schaltverzug bei der geringstmöglichen Relais- oder Auslöserverzögerung.

strom in Rechnung gestellt werden. Hierbei soll der Gleichstromanteil des Kurzschlußstromes in einem Leiter mindestens
50% des Scheitelwertes des Wechselstromanteils betragen.

c) Der **Ausschaltstrom** beim Ausschalten eines Kurzschlusses mit einer
Sicherung ist der Stoßkurzschluß-Wechselstrom, der ohne Aus-

Abb. 95. Strömungsschalter S 250, Reihe 10, 600 A, 250 MVA Nennausschaltleistung (SW).

schaltung durch die Sicherung auftreten würde. Beim Ausschalten
mit mehrpoligen Sicherungen gilt der Mittelwert dieser Ströme in
allen Leitern.

d) Die **wiederkehrende Spannung** ist der Effektivwert der Grundwelle
der Spannung zwischen den Leitern nach der endgültigen Ausschaltung des Kurzschlusses. Beim Ausschalten mit mehrpoligen
Schaltgeräten gilt der Mittelwert dieser Spannungen.

Der wiederkehrenden Spannung kann ein Einschwingungsvorgang übergelagert sein; dies ist besonders bei Schaltern in der
Nähe einer großen Induktivität (Generator, Transformator, Strom-
begrenzungs-Drosselspule) zu beachten, wenn sie einen Kurzschluß
hinter der Induktivität abschalten.

e) Der **Leistungsfaktor** des Kurzschlußkreises ist das Verhältnis des
Wirkwiderstandes zum Scheinwiderstand; hierbei ist der Schein-
$$\text{widerstand} \approx \frac{\text{Wiederkehrende Spannung}}{\text{Ausschaltstrom} \cdot \text{Verkettungszahl}}$$

f) Die **Ausschaltleistung** ist das Produkt aus Ausschaltstrom, wieder-
kehrender Spannung und Verkettungszahl (bei Drehstrom $\sqrt{3}$).

g) Die **Nennspannung** eines Schalters ist die Spannung, nach der sein
Schaltvermögen bemessen ist.

h) Die **Reihenspannung** eines Schalters ist die Spannung, nach der die
Isolation bemessen ist.

3. Elektrische Größen zur Kennzeichnung der Leistungsfähigkeit von Schaltern und Sicherungen.

a) **Nenn-Einschaltvermögen** eines Schalters ist der Einschaltstrom,
für dessen Einschaltung bei der Nennspannung der Schalter bemessen, gebaut und benannt ist. Der Einschaltstrom beim
Schalten auf Kurzschluß wird
durch den Stoßkurzschlußstrom
ausgedrückt.

Jeder Leistungsschalter und
Leistungs-Trennschalter muß
sein Nenn-Einschaltvermögen
bei seiner Nennspannung beherrschen.

Falls auf dem Leistungs-
schild des Schalters keine besonderen Angaben vorhanden
sind, so gilt als Nenn-Einschaltvermögen der $1,8 \cdot \sqrt{2} = 2,5$ fache
symmetrische Nenn-Ausschalt-
strom I_a.

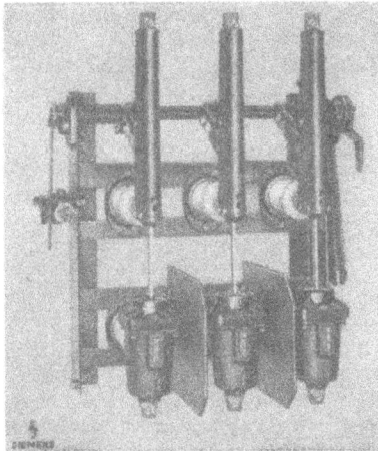

b) **Nenn-Ausschaltvermögen** eines
Schalters ist das Ausschaltvermögen, für das der Schalter

Abb. 96. Expansions-Trennschalter R 612.
Reihe 10, 400 A, 20 MVA Nennausschaltleistung (SSW).

unter den in § 39 der REH 1937 vorgeschriebenen Bedingungen bei
einer wiederkehrenden Spannung gleich der Nennspannung bemessen, gebaut und benannt ist. Das Nenn-Ausschaltvermögen

Abb. 97. Einheits-Expansionsschalter, Reihe 10, 400 A, 100 MVA Nennausschaltleistung (SSW).

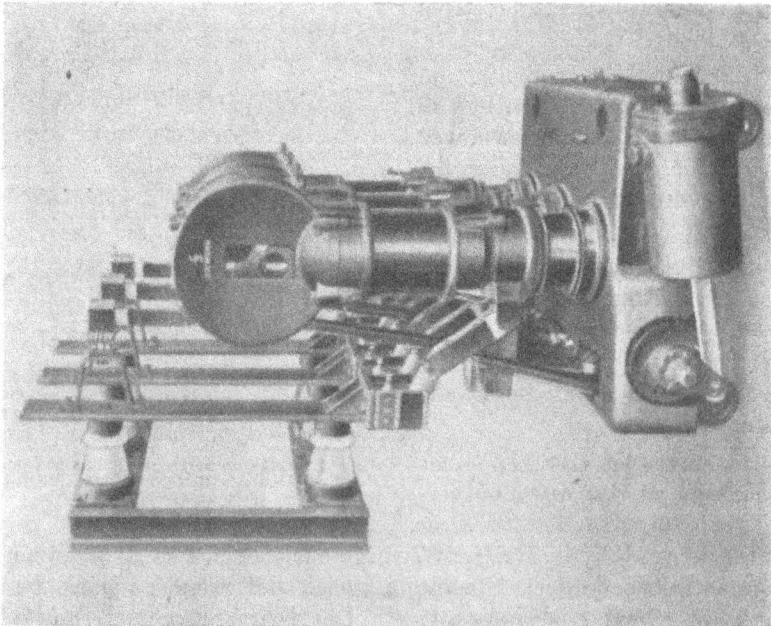

Abb. 98. Expansionsschalter als Generatorschalter Reihe 10, 3000 A, 600 MVA Nennausschaltleistung (SSW).

kann entweder als Stromwert durch den Nenn-Ausschaltstrom oder als Leistungswert durch die Nenn-Ausschaltleistung angegeben werden.

Der Schalter muß seinen Nenn-Ausschaltstrom und jeden kleineren Ausschaltstrom bei einer wiederkehrenden Spannung gleich seiner Nennspannung und bei einem Leistungsfaktor des Kurzschlußkreises $\cos \varphi \leq 0{,}15$ beherrschen. Er muß sein Nenn-Ausschaltvermögen auch dann beherrschen, wenn er nach seiner

Abb. 99. Freiluft-Expansionsschalter R 620 für 220 kV mit eingebautem Freiluft-antrieb, 2500 MVA Nennausschaltleistung (SSW).

Einschaltung entsprechend seinem Nenn-Einschaltvermögen mit seinem Mindestschaltverzug ausgelöst wird.

Die Nenn-Ausschaltleistung ist das Produkt aus Nenn-Ausschaltstrom, Nennspannung und Verkettungszahl (bei Drehstrom $\sqrt{3}$). Wird der Schalter bei Spannungen unterhalb seiner Nennspannung U_n verwendet (Abb. 102), so gilt seine Nenn-Ausschaltleistung, bis der Grenz-Ausschaltstrom erreicht wird. Bei noch kleineren Spannungen ist die Ausschaltleistung gleich dem Produkt aus Grenz-Ausschaltstrom, Netzspannung und Verkettungszahl (bei Drehstrom $\sqrt{3}$).

Jeder Schalter muß seine Nenn-Ausschaltleistung und jede kleinere Ausschaltleistung auch bei der 1,15fachen Nennspannung beherrschen.

Abb. 100. Druckluftschalter, Reihe 10, 600 A, 200 MVA Nennausschaltleistung (V. u. H.).

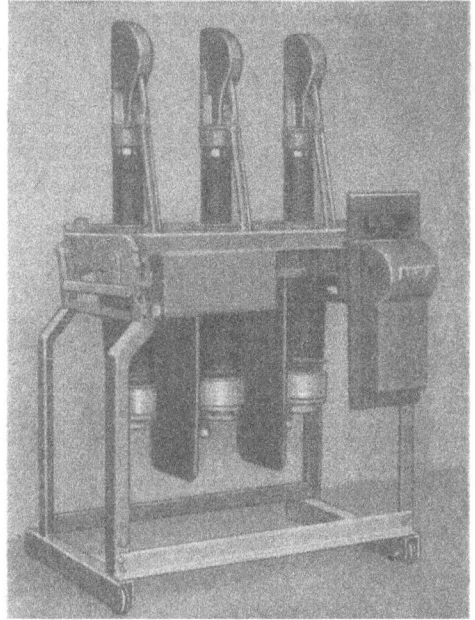

Abb. 101. Ölarmer Druckausgleichsschalter Reihe 30, 600 A, 400 MVA Nennausschaltleistung (V. u. H.)

Für das Nenn-Ausschaltvermögen gelten folgende Nenn-Ausschaltleistungen:

1; 2; 5; 10; 20; 50; 100; (150); 200; 400; 600; 1000; (1500); 2000 MVA.

Der Grenz-Ausschaltstrom eines Schalters ist der Ausschaltstrom, den er höchstenfalls bei einer im allgemeinen geringeren Spannung als seiner Nennspannung beherrschen kann (Abb. 102).

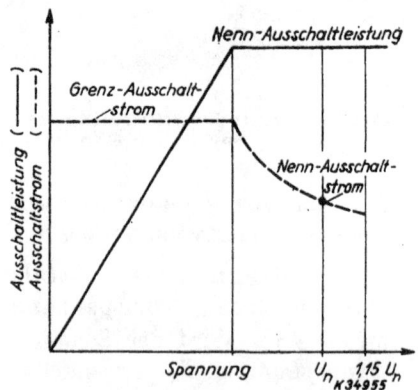

Abb. 102. Ausschaltvermögen von Schaltern in Abhängigkeit von der Spannung (U_n bedeutet die Nennspannung des Schalters).

In besonderen Fällen kann der Grenz-Ausschaltstrom gleich dem Nenn-Ausschaltstrom sein.

Laut REH 1937 gelten folgende genormte Grenz-Ausschalt-ströme:

0,2; 0,4; 0,6; 1; 1,5; 2; 3; 4; 6; 7,5; 10; 15; 20; 30; 40; 60 kA.

c) **Kurzzeitstrom** eines Schalters ist der Strom (Effektivwert), den er während 1 s oder 5 s führen kann, ohne beschädigt zu werden.

d) Das **Nenn-Ausschaltvermögen** einer Sicherung wird durch den Stoßkurzschluß-Wechselstrom ausgedrückt, der ohne Ausschaltung durch die Sicherung auftreten würde und für den die unter den in § 40 der REH 1937 vorgeschriebenen Bedingungen bemessen, gebaut und benannt ist.

Jede Sicherung muß ihr Nenn-Ausschaltvermögen und jeden kleineren Ausschaltstrom bei ihrer Nennspannung und einem Leistungsfaktor des Kurzschlußkreises cos $\varphi \leq 0{,}15$ beherrschen. Jede Sicherung muß das für ihre Nennspannung angegebene Nenn-Ausschaltvermögen und jeden kleineren Ausschaltstrom auch bei der 1,15fachen Nennspannung beherrschen. Für das Nenn-Ausschaltvermögen von Sicherungen gelten folgende genormte Nenn-Ausschaltströme (Effektivwerte):

0,2; 0,4; 0,6; 1; 1,5; 2; 3; 4; 6; 10; 15; 20; 30; 40; 60 kA.

4. Auswahl der Schalter und Sicherungen.

Für die Auswahl von **Schaltern,** mit denen Kurzschlußströme unterbrochen werden sollen, sind, wie schon eingangs erwähnt wurde, die schwersten am Verwendungsort möglicherweise auftretenden Beanspruchungen durch Ein- und Ausschaltstrom, wiederkehrende Spannung, Einschwingungsvorgang und Leistungsfaktor des Kurzschlußkreises zugrunde zu legen. Die Schalter sind daher auszuwählen:

a) Für einen Einschaltstrom mindestens gleich dem größtmöglichen Stoßkurzschlußstrom bei einer Einschaltspannung gleich der Nennspannung des Schalters. Der größtmögliche Stoßkurzschlußstrom kann ermittelt werden aus der Beziehung

$$I_s = \varkappa \cdot \sqrt{2} \cdot I_{sw} \ \ldots \ldots \ldots \ (58)$$

oder aus den Gl. (35), (36) und (37). Angaben bezüglich der Stoßziffer $\varkappa$ siehe auf S. 60. Der Stoßkurzschluß-Wechselstrom I_{sw} ergibt sich aus der auf S. 60 besprochenen Beziehung

$$I_{sw} = \frac{\sim 1{,}05 \cdot U}{\sqrt{3} \cdot \sqrt{r^2 + x^2}} \cdot \ \ldots \ldots \ (38)$$

Hier bedeuten:

U die Generator-Nennspannung in kV,
r den Wirkwiderstand der gesamten Kurzschlußbahn,
x den Blindwiderstand der gesamten Kurzschlußbahn,
$\sqrt{3}$ die Verkettungszahl bei Drehstrom.

b) Für den größtmöglichen induktiven (cos $\varphi \leqq 0{,}15$) Ausschaltstrom, der bei dem Mindestschaltverzug an der Verwendungsstelle zu erwarten ist, bei einer wiederkehrenden Spannung gleich
der Nennspannung des Schalters. Der symmetrische Ausschaltstrom wird ermittelt aus der Beziehung

$$I_a = \mu \cdot I_{sw}, \qquad \ldots \ldots \ldots \ldots \quad (59)$$

in der μ einen Faktor in Abhängigkeit von I_{sw}/I_n und I_{sw} den
Stoßkurzschluß-Wechselstrom [Gl. (38)] bedeuten. Die Größe μ
kann der Abb. 103 entnommen werden.

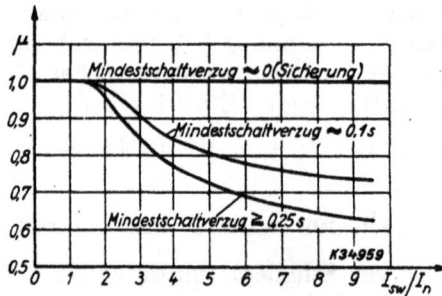

Abb. 103. Korrekturziffer μ zur Ermittlung des Ausschaltstromes von Schaltern und Sicherungen bei Kurzschluß.

c) Bei Schaltern, deren Nennausschaltvermögen kleiner als die größtmögliche Kurzschlußbeanspruchung an der Verwendungsstelle ist,
muß das selbsttätige Ausschalten größerer Ströme verhindert sein.

d) Schalter müssen stets in geschlossenem Zustand den Kraft- und
Wärmewirkungen der Kurzschlußströme am Verwendungsort gewachsen sein.

Im Abschnitt 3 wurde unter b) bereits erwähnt, daß das Nenn-
Ausschaltvermögen eines Schalters entweder als Leistungswert oder
Stromwert angegeben werden kann. Der Leistungswert wird in
der Praxis mehr benutzt. In bestimmten Fällen ist jedoch die Angabe
des Stromwertes zweckmäßiger.

Wird z. B. ein Schalter der Reihe 10 bei Nennspannungen benutzt,
die unterhalb 10 kV liegen, so kann seine von der Lieferfirma vorge-
gebene Nenn-Ausschaltleistung (200 MVA) nur für Nennspannungen

bis etwa 6 kV herab aufrechterhalten werden, weil bei noch niedrigeren Betriebsspannungen die Ausschaltströme dann gemäß Formel

$$I_a = \frac{N_k}{\sqrt{3} \cdot U_n}$$

schon so hohe Werte annehmen, daß die stromführenden Teile des Schalters, insbesondere die Schaltstücke, thermisch gefährdet sind. Bei Nennspannungen unter 6 kV vermindert sich die Nenn-Ausschaltleistung proportional mit der Spannung. Als zulässiger Ausschaltstrom gilt dann der gleichbleibende Grenz-Ausschaltstrom (Abb. 104).

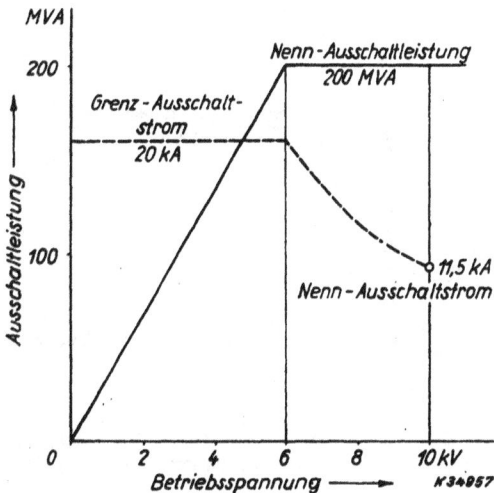

Abb. 104. Richtkurven der Ausschaltleistung und des Ausschaltstroms in Abhängigkeit von der Betriebsspannung für einen Schalter der Reihe 10 mit der Nenn-Ausschaltleistung von 200 MVA.

Zur rohen Ermittlung des verminderten Ausschaltvermögens eines Schalters der Reihe 20 bei kleinerer Netzspannung dienen z. B. die Richtkurven nach Abb. 105. Die Leistungskurve besagt, daß ein Schalter der Reihe 20 mit der Nenn-Ausschaltleistung von 400 MVA diese Nenn-Ausschaltleistung bei Nennspannungen bis zu 6 kV herab schadlos bewältigt. Für Nennspannungen unter 6 kV muß derselbe Schalter entsprechend dem höchstzulässigen Ausschaltstrom (Grenz-Ausschaltstrom) von 40000 A schon für ein kleineres Ausschaltvermögen deklariert werden oder es muß, wenn vom Abnehmer unbedingt ein Schalter mit 400 MVA auch für diese Nennspannung verlangt wird, eine andere, leistungsfähigere Schaltergröße gewählt werden.

Einen gewissen Einfluß auf das Ausschaltvermögen eines Schalters hat u. a. auch das Kontaktmaterial. Schaltstücke aus Kupfer-

Wolframlegierung vertragen z. B. einen höheren Ausschaltstrom als solche, die lediglich aus Kupfer bestehen.

Der Beanspruchung eines Schalters beim Einschalten auf Kurzschluß (Einschaltvermögen) ist nur der Stoßkurzschlußstrom zugrunde zu legen. Dieser wird in der Praxis, falls nicht andere Angaben vorliegen, gewöhnlich dem 2,5fachen Ausschaltstrom gleichgesetzt.

Für die Auswahl von **Sicherungen** sind die schwersten am Verwendungsort möglicherweise auftretenden Beanspruchungen durch Ausschaltstrom, wiederkehrende Spannung, Einschwingungsvorgang und Leistungsfaktor der Kurzschlußbahn zugrunde zu legen. Die Sicherung

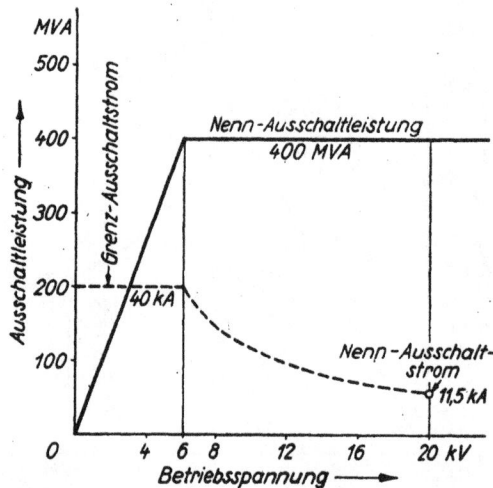

Abb. 105. Richtkurven der Ausschaltleistung und des Ausschaltstromes in Abhängigkeit von der Betriebsspannung für einen Schalter der Reihe 20 mit der Nenn-Ausschaltleistung von 400 MVA.

ist daher für einen induktiven Ausschaltstrom (cos $\varphi \leq 0{,}15$) auszuwählen, der gleich oder größer als der größtmögliche Stoßkurzschluß-Wechselstrom an der Verwendungsstelle ist [Gl. (38)], bei einer wiederkehrenden Spannung gleich der Nennspannung der Sicherung.

5. Ermittlung der Schaltströme und Schaltleistungen bei Kurzschluß in elektrischen Netzen.

Um dem Leser die obigen Aussagen in bezug auf Ermittlung des Aus- und Einschaltstromes sowie der Schaltleistung bei Kurzschlüssen im Netz konkreter zu gestalten, sollen in Beispielen die diesbezüglichen Gleichungen in Form einer Aufstellung nochmals kurz erläutert bzw. es soll auf die früheren Ausführungen unmittelbar verwiesen werden

1. Beispiel. Im Drehstromnetz gemäß Abb. 106 ist an der Stelle K_1 ein dreipoliger Kurzschluß angedeutet. Es sind die Ströme und Leistungen, die der **Schalter 1** zu bewältigen hat, für verschiedene Verhältnisse zu ermitteln.

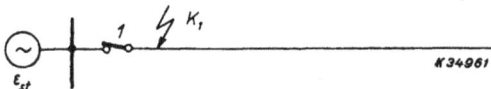

Abb. 106. Kurzschluß in der Nähe der Stromquelle.

Zunächst berechnet man aus Gl. (38) den **Stoßkurzschluß-Wechselstrom** als Ausgangsgröße zu

$$I_{sw} = \frac{1,05 \cdot U}{\sqrt{3} \cdot \sqrt{r^2 + x^2}} = \frac{1,05 \cdot U}{\sqrt{3} \cdot \sqrt{0 + x_{st}^2}} \quad \text{in kA}$$

Als dämpfender Widerstand kommt im vorliegenden Beispiel nur die Ständerreaktanz x_{st} in Betracht (s. S. 33).

Der **Ausschaltstrom** ist dann:

a) Beim Mindestschaltverzug $t \approx 0,1$ s

$$I_a = \mu \cdot I_{sw} = 0,8 \cdot I_{sw} \quad \text{in kA.}$$

$\mu = 0,8$ sei hier für $I_{sw}/I_n = 5$ aus Abb. 103 ermittelt.

b) Beim Mindestschaltverzug $t \geqq 0,25$ s

$$I_a = \mu' \cdot I_{sw} = 0,72 \cdot I_{sw} \quad \text{in kA.}$$

$\mu' < \mu$ (vgl. Abb. 103).

c) Beim Mindestschaltverzug $t > 2$ s

$$I_a \approx I_d,$$

denn nach 2 s Kurzschlußdauer ist der Ausgleichsvorgang gewöhnlich nahezu vollzogen[1]), so daß der Ausschaltstrom gleich dem Dauerkurzschlußstrom gesetzt werden kann (s. a. S. 112).

d) Beim Mindestschaltverzug $t < 0,1$ s

$$I_a = \frac{I_s}{\sqrt{2}} = \varkappa \cdot I_{sw} \quad \text{in kA.}$$

Ausführlicher hierüber siehe im Abschnitt 2 unter b).

Die **Ausschaltleistung** errechnet man näherungsweise zu

$$N_k = \sqrt{3} \cdot U_n \cdot I_a \quad \text{in MVA.}$$

---

[1]) Insbesondere, wenn die Maschinen mit Spannungs-Schnellreglern versehen sind.

Der Ausschaltstrom I_a ist entsprechend a...d in diese Formel einzusetzen. U_n bedeutet die Nennspannung des Netzes.

Den **Einschaltstrom** berechnet man zu

$$I_E = I_s = \varkappa \cdot \sqrt{2} \cdot I_{sw} \text{ in kA (Scheitelwert).}$$

Siehe auch die Abschnitte 2a und 3a.

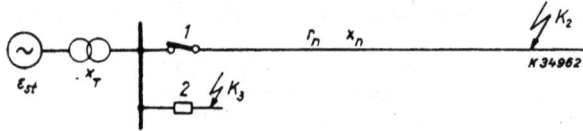

Abb. 107. Kurzschlüsse im Netz.

2. Beispiel. Im Drehstromnetz nach Abb. 107 tritt in K_2 ein dreipoliger Kurzschluß auf. Es sind die gleichen elektrischen Größen wie in Beispiel 1 zu ermitteln.

Den **Stoßkurzschluß-Wechselstrom** errechnet man hier zu

$$I'_{sw} = \frac{1,05 \cdot U}{\sqrt{3} \cdot \sqrt{r^2 + x^2}} = \frac{1,05 \cdot U}{\sqrt{3} \cdot \sqrt{r_n^2 + (x_{st} + x_T + x_n)^2}} \text{ in kA.}$$

Die Faktoren μ aus den Kurven der Abb. 103 fallen in ihrer Größe für dieses Netzgebilde natürlich auch anders aus.

Die Ermittlung der Schaltströme und Schaltleistungen für den Kurzschluß K_2 erfolgt im übrigen in ähnlicher Weise wie in Beispiel 1.

3. Beispiel. Im Netzgebilde nach Abb. 107 tritt hinter der **Sicherung 2** ein dreipoliger Kurzschluß auf. Es ist der Ausschaltstrom I_a zu ermitteln.

Der Ausschaltstrom einer Sicherung wird gemäß REH 1937 dem Stoßkurzschluß-Wechselstrom gleichgesetzt, so daß

$$I_a = I_{sw} = \frac{1,05 \cdot U}{\sqrt{3} \cdot \sqrt{r^2 + x^2}} \text{ in kA}$$

ist.

Weiter Ausführungen hierüber siehe in den Abschnitten 2c und 3d.

Auf Seite 153...160 sind Schaltströme und Schaltleistungen an Hand eines praktischen Beispiels ausgerechnet.

H. Erforderliche Unterlagen für Kurzschlußstrom-Berechnungen und Zahlenbeispiele aus der Praxis.

Für die Berechnung der Kurzschlußströme und ihrer Wirkungen sind im wesentlichen genaue Angaben über folgende Größen und Verhältnisse erforderlich, die am besten in einen Netzplan (vgl. z. B. Abb.108) eingetragen werden:

1. Betriebsspannung (Nennspannung) des Netzes.
2. Frequenz des Netzes.
3. Beschaffenheit des Netzsystemnullpunktes, d. h. ob kurze oder nicht kurze Erdung (ausführlich s. auf S. 19).
4. Anzahl der Kraftwerke und ihre Nennleistungen.
5. Jeweils größter, kleinster und normaler Maschineneinsatz in den einzelnen Kraftwerken.
6. Gesamtstreuung ε_s sowie Ständerstreuung ε_{st} der einzelnen Generatoren.
7. Kurzschlußverhältnis $m_0 = I_k/I_n$ der einzelnen Generatoren bei Leerlauf.
8. Besitzen die Generatoren selbsttätige Spannungs-Schnellregler?
9. Strom- und Zeiteinstellung der Überstromzeitrelais an den Generatorschaltern.
10. Haben die Generatoren Differentialschutz?
11. Anzahl der Transformatoren zwischen den Generatoren und dem eigentlichen Netz.
12. Kurzschlußspannung und Nennleistung dieser Transformatoren.
13. Strom- und Zeiteinstellung der Überstromzeitrelais an den Transformatorschaltern?
14. Haben diese Transformatoren Differential- oder Buchholz-Schutz?
15. Streuspannung und Nennstrom etwa vorhandener Kurzschluß-Drosselspulen.
16. Sind die Sammelschienen in den Schaltanlagen unterteilt und wie?
17. Leitermaterial der Freileitungen und Kabel.
18. Leiterquerschnitt der Freileitungen und Kabel.
19. Mastbild (zur Bestimmung des Blindwiderstandes je km, vgl. Abb. 23 u. 24).

20. Länge der einzelnen Leitungsstrecken.
21. Ausführungsart der Kabel, ob Dreileiter- oder Einleiterkabel.
22. Ausschaltvermögen der vorhandenen Leistungsschalter.
23. Nennstromstärke, Bauart und Einbauort der vorhandenen Stromwandler.

Die wesentlichsten Anhaltspunkte und Winke für die Berechnung der Kurzschlußströme wurden bereits im Abschnitt 1 des Kapitels D gebracht. Ferner enthalten die Kapitel C und E die dazu erforderlichen Rechnungsgrößen und deren Besprechung.

In den folgenden Zahlenbeispielen, die sich an die Praxis anlehnen, wird gezeigt, wie man auf Grund dieser Angaben in den einzelnen Kapiteln die Kurzschlußströme in einfacher Weise berechnet und ihre thermischen und dynamischen Wirkungen im Rechnungsgang ermittelt.

1. Kurzschluß in einem Freileitungs-Ringnetz.

Das Freileitungsnetz in Abb. 108 werde im Kraftwerk A von einem 10 000 kVA-Turbogenerator mit zugehörigem Transformator gleicher Leistung gespeist[1]). Der Generator sei voll belastet bei einem cos φ

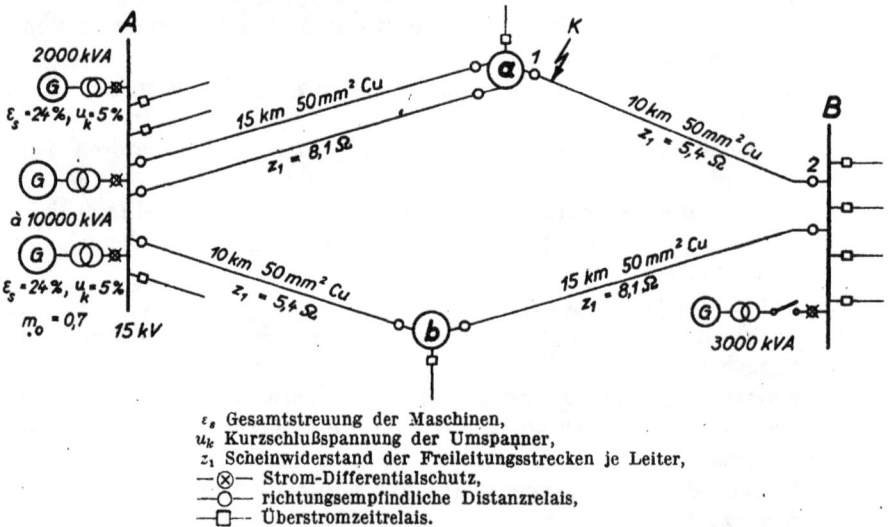

ε_s Gesamtstreuung der Maschinen,
u_k Kurzschlußspannung der Umspanner,
z_1 Scheinwiderstand der Freileitungsstrecken je Leiter,
—⊗— Strom-Differentialschutz,
—◯— richtungsempfindliche Distanzrelais,
—☐— Überstromzeitrelais.
Abb. 108. Grundschaltbild eines 15 kV-Drehstrom-Freileitungsnetzes.

= 0,9. Unmittelbar hinter der Station a trete an der mit dem Pfeil K gekennzeichneten Stelle ein satter Kurzschluß auf, der also in der Ringleitung räumlich und widerstandsmäßig stark unsymmetrisch zur Strom-

---

[1]) Die weiteren Generatoren in A und B entsprechend der Abb. 108 werden später berücksichtigt.

quelle A liegt. Die einzelnen Ringleitungsstrecken seien mit widerstands-abhängigen Relais (Distanzschutz, vgl. Abb. 109 u. 110) ausgerüstet, die Überstrom-Anregeglieder besitzen.

Unter dieser Annahme sollen die Dauerkurzschlußströme[1]) bei drei- und zweipoligem Schluß berechnet und in ihrer Verteilung während der Kurzschlußdauer nach Größe und Richtung verfolgt werden. Außerdem sind die Auslösezeiten an den Schaltern 1 und 2 zu bestimmen sowie die volle Kurzschlußdauer, die gleich ist der gesamten Abschaltzeit.

Die Nutzlastströme, die in den Stichleitungen während des Kurzschlusses fließen können, werden hier vernachlässigt (s. a. die Ausführungen auf S. 54 und 135).

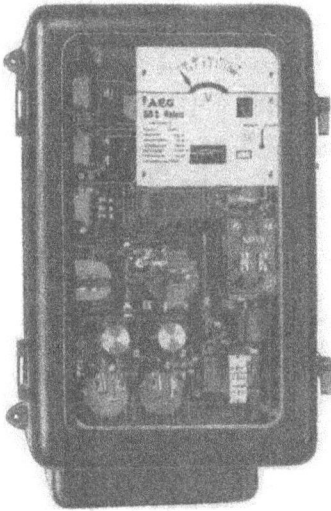

Abb. 109. AEG-Schnell-Distanz-relais SD₁.

Abb. 110. Siemens-Eil-Impedanz-relais.

Da der Kurzschluß K im 15 kV-Netz liegt, bezieht man hier der Einfachheit halber[2]) sämtliche in Frage kommenden Größen von vornherein auf die Netz-Nennspannung $U_n = 15\,000$ V. Ferner werden

---

[1]) Die Berechnung von Stoßkurzschlußströmen wird in den Zahlenbeispielen 2 und 3 durchgeführt; ferner auf S. 155 u. 156.

[2]) Eigentlich müßte man die auf 15 kV umgerechnete Maschinenspannung $U' = 1{,}05 \cdot 15\,000 = 15\,750$ V in die Rechnung einsetzen. Diese ist, wie bereits früher ausgeführt, gewöhnlich um 5% höher als die Netz-Nennspannung U_n. In den Zahlenbeispielen 2, 3 und 4 sind die Rechnungen in diesem Sinne durchgeführt.

die Widerstände der Anlageteile zunächst durchweg je Phasenleiter ermittelt und später in den Formeln (40a) und (41a) für den drei- und zweipoligen Schluß mit den Faktoren $\sqrt{3}$ oder 2 multipliziert.

a) Dreipoliger Kurzschluß.

Der Rechnungsgang in diesem Abschnitt entspricht im wesentlichen der Reihenfolge der im Kapitel C besprochenen Rechnungsgrößen. Die Erklärungen zu den einzelnen Formeln können daher dort eingesehen werden. Die Zahlenwerte für die verschiedenen Formelgrößen sind im Netzplan (Abb. 108) angegeben.

a) Nennstrom des Generators und des dazugehörigen Transformators

$$I_n = \frac{N \cdot 10^3}{\sqrt{3} \cdot U_n} = \frac{10000 \cdot 1000}{1,73 \cdot 15000} = 384 \text{ A.}$$

b) Gesamtstreu-Blindwiderstand des Generators

$$x_s = \frac{U_n}{\sqrt{3} \cdot I_n} \cdot \frac{\varepsilon_s}{100} = \frac{15000 \cdot 24}{1,73 \cdot 384 \cdot 100} = 5,42 \ \Omega.$$

c) Ankerrückwirkungs-Blindwiderstand des Generators

$$x_a = \frac{U_n}{\sqrt{3} \cdot I_n \cdot m_0} \ x_s = \frac{15000}{1,73 \cdot 384 \cdot 0,7} \ 5,42 = 26,88 \ \Omega.$$

d) Streu-Blindwiderstand des Transformators

$$x_T = \frac{U_n}{\sqrt{3} \cdot I_n} \cdot \frac{u_k}{100} = \frac{15000 \cdot 5}{1,73 \cdot 384 \cdot 100} = 1,13 \ \Omega.$$

e) Gesamter Blindwiderstand der Freileitungen vom Kraftwerk A bis zur Kurzschlußstelle K je Phasenleiter.

Der Kurzschlußstrom fließt von A nach K über die beiden im Kurzschlußfalle parallel geschalteten Zweige $A—b—B—a$ und $A—a$. Den jeweiligen Blindwiderstand beider Leitungspfade ermittelt man leicht, wenn man die kilometrische Reaktanz [0,4 Ω/km, s. Gl. (23)] mit den entsprechenden Längen multipliziert. So ist der Blindwiderstand des Leitungspfades $A—b—B—a$ je Phasenleiter

$$x_1 = \omega L \cdot l_1 = 0,4 \cdot 35 = 14 \ \Omega$$

und der Blindwiderstand des Leitungspfades $A—a$, der aus zwei gleichen Leitungen besteht, je Phase

$$x_2 = \frac{\omega L \cdot l_2}{2} = \frac{0,4 \cdot 15}{2} = 3 \ \Omega.$$

Der gesamte Blindwiderstand, den die Freileitungen vom Kraftwerk A bis zur Fehlerstelle K für den Kurzschlußstrom bilden, ist dann je Phase

$$x_F = \frac{x_1 \cdot x_2}{x_1 + x_2} = \frac{3 \cdot 14}{3 + 14} = 2{,}47 \ \Omega.$$

f) Gesamter Wirkwiderstand der Freileitungen vom Kraftwerk A bis zur Kurzschlußstelle K je Leiter.

Der gesamte Wirkwiderstand der Freileitungen je Phase errechnet sich ähnlich wie der Blindwiderstand zu

$$r_F = \frac{r_1 \cdot r_2}{r_1 + r_2} = \frac{2{,}68 \cdot 12{,}5}{2{,}68 + 12{,}5} = 2{,}2 \ \Omega,$$

wobei sich r_1 und r_2 aus den nachstehenden Beziehungen ergeben:

$$r_1 = \frac{l_1 \cdot 1000}{\varkappa \cdot F} = \frac{35\,000}{56 \cdot 50} = 12{,}5 \ \Omega,$$

$$r_2 = \frac{l_2 \cdot 1000}{2 \cdot \varkappa \cdot F} = \frac{15\,000}{2 \cdot 56 \cdot 50} = 2{,}68 \ \Omega$$

($\varkappa$ = Leitfähigkeit, F = Leiterquerschnitt).

Entsprechend der Annahme eines satten, d. h. metallischen Kurzschlusses wird der Lichtbogenwiderstand an der Kurzschlußstelle K gleich Null gesetzt. Der Übergangswiderstand wird vernachlässigt.

Der errechnete Wirkwiderstand der Freileitungen ist im Vergleich zum Blindwiderstand der gesamten Kurzschlußbahn (des Generators, Transformators und der Freileitungen) sehr gering. Er kann daher bei der Bestimmung der Kurzschlußstromstärke unbedenklich vernachlässigt werden.

g) Netzblindwiderstand (Blindwiderstand der Kurzschlußbahn von den Klemmen des Generators bis zur Kurzschlußstelle K je Leiter)

$$x_n = x_T + x_F = 1{,}13 + 2{,}47 = 3{,}6 \ \Omega.$$

h) Gesamter Dauerkurzschlußstrom an der Kurzschlußstelle.

Bei $\cos \varphi = 0{,}9$ ist die relative Erregung gemäß Zahlentafel V auf S. 64 oder gemäß der Formel (43)

$$v \approx 2{,}35.$$

Die numerische Kurzschlußentfernung ermittelt man zu:

$$a = \frac{x_s + x_n}{x_s} = \frac{5{,}42 + 3{,}6}{5{,}42} = 1{,}67.$$

Mit diesen Werten für v und a erhält man aus der Kurventafel der Abb. 46 den Sättigungsfaktor

$$k_{a_s} \approx 2,4$$

und damit den Dauerkurzschlußstrom zu

$$I_d^{III} = \frac{U_n}{\sqrt{3}\,(x_a + x_s + x_n)} \cdot k_{a_s} = \frac{15000 \cdot 2,4}{1,73 \cdot 35,9} = 580\,\text{A}.$$

i) **Stromverteilung.** Der Dauerkurzschlußstrom $I_d^{III} = 580$ A fließt im vorliegenden Beispiel vom Kraftwerk A in die Fehlerstelle K und verteilt sich auf die beiden Leitungsstränge im umgekehrten Verhältnis ihrer Blind- bzw. Scheinwiderstände:

Über den Schalter 1 fließt dabei der Strom

$$I_{d_1}^{III} = \frac{580 \cdot 14}{3 + 14} \approx 480\,\text{A}$$

und über den Schalter 2 der Strom

$$I_{d_2}^{III} = 580 - 480 = 100\,\text{A}.$$

k) Dauerkurzschlußstrom nach erfolgter einseitiger Abschaltung der kranken Strecke a—B.

Da die Kurzschlußstelle näher zum Schalter 1 liegt, so löst die dazugehörige Distanzschutzeinrichtung zuerst aus. Danach kann der Kurzschlußstrom nur noch über den Leitungspfad A—b—B—a fließen, wo-

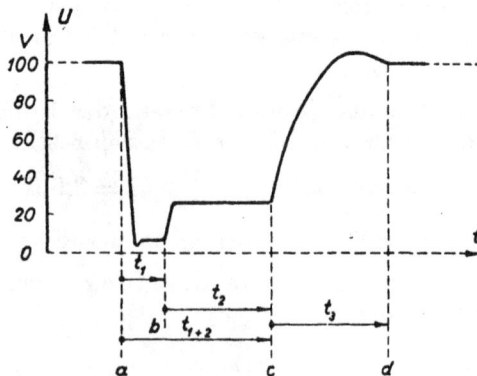

a Eintritt des Kurzschlusses,
b Schalter 1 schaltet ab,
c Schalter 2 schaltet ab,
d Netzspannung stellt sich wieder auf den Normalwert ein.

Abb. 111. Verlauf der Spannung zwischen zwei Phasenleitern in der Station B, gemessen durch einen Störungsschreiber (Abb. 112 oder 113) während des Kurzschlusses (Spannungswandler 15 000/100 V).

durch sich neue Strom- und Spannungsverhältnisse ergeben (s. a. Abb. 111...113). Der Dauerkurzschlußstrom wird nunmehr kleiner und beträgt nur noch

$$I_{a_s'}^{III} = \frac{U_n}{\sqrt{3}\,(x_a + x_s + x_n')} \cdot k_{a_s}' = \frac{15000 \cdot 2,3}{1,73 \cdot 47,43} = 420 \text{ A}$$

entsprechend der neuen numerischen Kurzschlußentfernung

$$a' = \frac{x_s + (x_T + x_F)}{x_s} = \frac{5,42 + 1,13 + 14}{5,42} = 3,8,$$

mit der sich der Sättigungsfaktor bei $v = 2,35$ zu

$$k_{a_3}' = 2,3$$

ergibt.

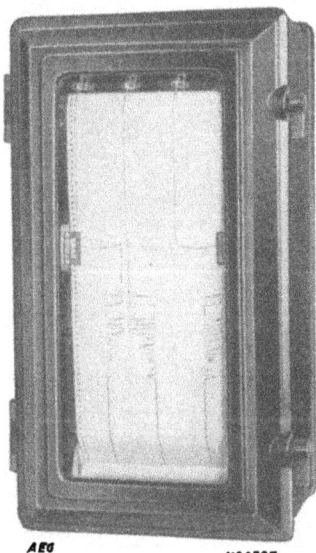

Abb. 112. AEG-Störungsschreiber.

Abb. 113. Siemens-Störungsschreiber.

l) Abschaltzeit der kranken Leitungsstrecke.

Ist das Übersetzungsverhältnis der Stromwandler in den Ringleitungen 100/5, das Übersetzungsverhältnis der Spannungswandler 15000/100 und legt man den Distanzrelais eine Auslösecharakteristik nach der Abb. 114 zugrunde[1]), so erhält man unter der gemachten

---

[1]) Näheres über die Relaiszeitkennlinien s. im Buch M. Walter, Der Selektivschutz nach dem Widerstandsprinzip, R. Oldenbourg 1933, S. 62...76; M. Schleicher, Die moderne Selektivschutztechnik und die Methoden zur Fehlerortung in Hochspannungsanlagen, J. Springer 1936, S. 348...358.

9*

Annahme, daß der Lichtbogenwiderstand etwa Null Ohm beträgt, die einzelnen Auslösezeiten sowie die gesamte Abschaltzeit. Die Ansprech-stromstärke der Überstrom-Anregeglieder der Relais sei dabei aus be-triebstechnischen Gründen auf 7,5 A, d. h. auf den 1,5 fachen Nennstrom eingestellt.

Das Relais des Schalters 1 führt entsprechend dem Primärstrom von 480 A den Strom $i = 24$ A, hat entsprechend der Primärspannung von etwa Null Volt eine verkettete Spannung von $u = 0$ V, mißt demnach die Sekundärimpedanz[1]) $z_2 = u/i = 0\ \Omega$ und betätigt den Auslöse-stromkreis mit der Grundzeit $t_1' = 0,4$ s. Zu der Arbeitszeit t_1' des Relais kommt noch die Arbeitszeit des Schalters einschließlich der Lösch-zeit des Lichtbogens von $t_1'' = 0,2$ s hinzu, so daß die Gesamtabschalt-zeit an der Stelle 1

$$t_1 = t_1' + t_1'' = 0,4 + 0,2 = 0,6 \text{ s}$$

beträgt.

Das Relais des Schalters 2 fängt erst nach dem Abschalten des Schalters 1 an zu arbeiten; vorher kann es nicht anlaufen, da die einge-

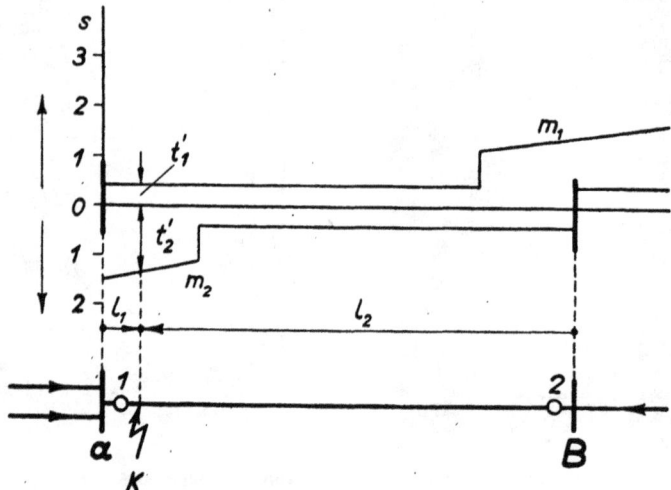

m₁ u. m₂ Relais-Zeitkennlinien (gebrochene),
  K Kurzschlußstelle,
    1 Distanzrelais in der Station a,
    2 Distanzrelais im Kraftwerk B,
    t_1' Ablaufzeit (Grundzeit) des Relais 1,
    t_2' widerstandsabhängige Ablaufzeit des Relais 2,
  l_1 und l_2 Entfernungen der Kurzschlußstelle K von den Einbaustellen der
      auslösenden Distanzrelais 1 und 2.
Abb. 114. Vom Kurzschluß betroffene Leitungsstrecke a—B mit den eingezeichneten Zeitkenn-linien m₁ und m₂ sowie Ablaufzeiten (t_1' und t_2') der Distanzrelais.
Die Kennlinie m₁ ist von der Schaltstelle a aus zu lesen (Ordinaten nach oben), die Kennlinie m₂ von der Schaltstelle B aus (Ordinaten nach unten).

---

[1]) Scheinwiderstand einer Leitungsstrecke, der sich auf der Sekundärseite der Strom- und Spannungswandler ergibt; ausführlicher s. in M. Walter, Der Selektiv-schutz nach dem Widerstandsprinzip, Verlag R. Oldenbourg 1933, S. 46...62.

stellte Ansprechstromstärke von 7,5 A nicht erreicht wird[1]). An der Einbaustelle des Relais stellt sich bei dem bereits ermittelten Dauerkurzschlußstrom von 420 A und der Primärimpedanz der Leitungsstrecke a—B je Leiter von $z_1 = 5,4\,\Omega$ eine primäre verkettete Spannung von

$$U' = I_{d_1'}^{III} \cdot z_1 \cdot \sqrt{3} = 420 \cdot 5,4 \cdot 1,73 = 3920\ \text{V}$$

ein. Diesem Wert entspricht eine Sekundärspannung von

$$u = \frac{3920 \cdot 100}{15\,000} \approx 26\ \text{V}.$$

Das Relais führt dabei den Strom $i = 21$ A, mißt die Sekundärimpedanz $z_2 = 26/21 = 1,24\,\Omega$ und schließt nach seinem Ansprechen den Auslösestromkreis in $t_2' = 1,3$ s (vgl. Abb. 114). Die Abschaltung an der Stelle 2 vollzieht sich demnach in

$$t_2 = t_2' + t_2'' = 1,3 + 0,2 = 1,5\ \text{s},$$

worin t_2'' die Arbeitszeit des Schalters 2 einschließlich der Lichtbogenlöschzeit bedeutet.

Die beiderseitige Abschaltung der Fehlerstelle erfolgt somit in

$$t = t_1 + t_2 = 0,6 + 1,5 = 2,1\ \text{s}.$$

Die verhältnismäßig lange Abschaltzeit ist hier durch die Addition der einzelnen Arbeitszeiten an den beiden Schaltstellen 1 und 2 bedingt. Erfreulicherweise tritt dieser Fall in der Praxis nicht sehr oft ein. Diese Abschaltzeit läßt sich durch verschiedene Mittel verkürzen, von denen im Abschnitt γ noch die Rede sein wird.

β) Zweipoliger Kurzschluß.

Die Netzverhältnisse seien die gleichen wie unter α, jedoch trete an derselben Stelle K anstatt eines dreipoligen satten Kurzschlusses ein zweipoliger auf. Die Rechnungsergebnisse der Pos. $a...g$ haben daher auch hier Gültigkeit. Erst von h ab wird die Berechnung eine andere, und zwar wie folgt:

h') Gesamter Dauerkurzschlußstrom an der Kurzschlußstelle K.

Da die relative Erregung $v = 2,35$ und die numerische Kurzschlußentfernung $a = 1,67$ sind, so ermittelt man aus der Kurventafel der Abb. 46 den Sättigungsfaktor für den zweipoligen Kurzschluß zu

$$k_{a_1} \approx 2,3$$

---

[1]) Von einer evtl. Anregung durch den Stoßkurzschlußstrom wird hier der Übersichtlichkeit halber abgesehen.

und den Dauerkurzschlußstrom beim zweipoligen Kurzschluß zu

$$I_d^{\mathrm{II}} = \frac{U_n}{2\left(\dfrac{x_a}{2} + x_s + x_n\right)} \cdot k_{a_2} = \frac{15000 \cdot 2{,}3}{2\,(13{,}44 + 5{,}42 + 3{,}6)} = 770\,\mathrm{A}.$$

i') Stromverteilung. Über den Schalter 1 fließt der Strom

$$I_{,d}^{\mathrm{II}} = \frac{770 \cdot 14}{3 + 14} = 635\,\mathrm{A}.$$

Der Schalter 2 dagegen führt:

Vor dem Abschalten des Schalters 1 den Strom

$$I_d^{\mathrm{II}} = 770 - 635 = 135\,\mathrm{A}.$$

Nach dem Abschalten des Schalters 1 den Strom

$$I_d^{\mathrm{II}} = \frac{U_n}{2\left(\dfrac{x_a}{2} + x_s + x_n'\right)}\, k_{c_2}' = \frac{15000 \cdot 1{,}9}{2 \cdot 34} = 420\,\mathrm{A}.$$

Der Sättigungsfaktor ist hier

$$k_{a_2}' = 1{,}9 \;\text{für}\; a' = \frac{x_s + x_n'}{x_s} = 3{,}8 \;\text{und}\; v = 2{,}35.$$

Es ist ein Zufall, daß der Dauerkurzschlußstrom hier den gleichen Wert hat wie beim dreipoligen Schluß!

Die Ausführungen unter 1 im Abschnitt α bezüglich der Auslösezeiten haben sinngemäß auch hier Gültigkeit, und zwar um so mehr, wenn man voraussetzt, daß die Arbeitszeiten der Distanzrelais stromunabhängig und distanzgetreu sind.

γ) Diskussion des Zahlenbeispieles und ergänzende Bemerkungen.

a) Die Berechnungen in den beiden vorhergehenden Abschnitten zeigen, daß der Strom beim zweipoligen Kurzschluß größer ist als beim dreipoligen, und zwar um etwa 33%. Die Ursache für diese Verschiedenheit liegt darin, daß beim zweipoligen Kurzschluß, wie im Kapitel D bereits ausgeführt, die Ankerrückwirkung kleiner ist. Nach dem Abschalten des Schalters 1 sind jedoch die Ströme, die über den Schalter 2 fließen, beim zwei- und dreipoligen Schluß gleich groß, was darauf zurückzuführen ist, daß der 16proz. Unterschied des Netzblindwiderstandes der Leiterschleifen schon sehr ins Gewicht fällt und daß die Sättigungsfaktoren verschieden groß ausfallen ($k_{a2} < k_{a3}$).

b) Die in α und β ermittelten Kurzschlußströme beziehen sich auf

Vollasterregung des Generators. Besitzt der Generator einen Spannungs-Schnellregler, so ist mit höheren Kurzschlußströmen zu rechnen, da der Regler an den Klemmen des Generators die volle Spannung zu erhalten versucht (s. a. die Ausführungen auf S. 65). Fehlt dagegen ein Schnellregler, so können je nach der Belastung des Netzes und der Größe der Maschinenerregung (bzw. der kapazitiven Netzerregung) die Kurzschlußströme unter Umständen wesentlich kleiner als die ermittelten Ströme ausfallen, insbesondere bei Schwachlastbetrieb (s. a. die Ausführungen auf S. 65).

c) In dem besprochenen Beispiel wurde angenommen, daß der gesamte Maschinenstrom über die Fehlerstelle K fließt, d. h. daß von den parallel geschalteten Abnehmern des Netzes, wie Glühlampen, Motoren, Schmelzöfen u. dgl., während der Kurzschlußdauer kein Strom aufgenommen wird. Diese Annahme ist bei größerer numerischer Kurzschlußentfernung, wie hier, nur dann zulässig, wenn die Abschaltung der Nutzlastströme bei Kurzschlußeintritt unverzögert durch Unterspannungsrelais oder Auslöser veranlaßt wird[1]). Andernfalls fließen während der Kurzschlußdauer zu den Abnehmern noch Lastströme, so daß sich der gesamte Maschinenstrom in den eigentlichen Kurzschlußstrom I_k an der Fehlerstelle und den Gesamt-Nutzlaststrom ΣI_L in den Abzweigleitungen aufteilt [vgl. a. die Gl. (34) und die Abb. 39.]

Die Kurzschlußstromwerte nach den Formeln (40a) und (41a) liegen im allgemeinen infolge Vernachlässigung der Nutzlastströme bei Kurzschluß zu hoch. In den Kurzschlußfaktoren k_a wird nämlich der durch die Vorbelastung bedingten Erregung zwar Rechnung getragen, die Zweigströme, die in Belastungswiderstände fließen, werden dagegen meist nicht berücksichtigt. Der Anteil solcher Zweigströme (Nutzlastströme) steigt gewöhnlich mit dem Anwachsen der numerischen Kurzschlußentfernung und mit der Größe des Maschineneinsatzes, weil im Zusammenhang damit die Klemmenspannung der Maschinen und mithin auch die Spannung an den Sammelschienen der einzelnen Stationen im Kurzschlußfall höher werden.

Die Erfassung der Nutzlastströme stößt aus verschiedenen Gründen auf große Schwierigkeiten, denn das Verhalten der Abnehmer (Motoren usw.) ist bei der Mannigfaltigkeit der Kurzschlußarten und Entfernungen sehr uneinheitlich und kann nur ungefähr angenommen werden[2]). Ferner sind die Nutzlastströme in den allermeisten Fällen nicht phasengleich mit dem Kurzschlußstrom, und schließlich führt die Berücksichtigung der Lastströme in Verbundnetzen (mehrfach gespeisten Netzen)

---

[1]) In Industrieanlagen wird von dieser Maßnahme sehr oft Gebrauch gemacht, in Anlagen der öffentlichen Stromversorgung dagegen nur zuweilen.

[2]) S. a. H. Titze, Kurzschlußberechnungen mit Berücksichtigung der dem Kurzschluß vorangegangenen Belastung. Elektr.-Wirtsch. 1933, S. 280.

zu außerordentlich umständlichen Rechnungsarbeiten[1]), die trotzdem nur angenäherte Werte liefern können.

Bei der Bestimmung der maximalen Dauerkurzschlußströme im Netz, also nicht nur an den Maschinenklemmen oder in deren unmittelbarer Nähe, dürfte es ebenfalls zweckmäßig sein, die Vorbelastung (Nutzlastströme) zu vernachlässigen, um dadurch auch die ungünstigsten Betriebsfälle, d. h. wenn die hauptsächlichsten Stromabnehmer abgeschaltet sind, berücksichtigen zu können.

d) Erhöht man den Maschineneinsatz im Kraftwerk A der Abb. 108 auf das Doppelte, d. h. laufen zwei Generatoren zu je 10000 kVA parallel, so wird das Distanzrelais des Schalters 2 gleichzeitig mit dem Relais des Schalters 1 anlaufen, wodurch sich die gesamte Abschaltzeit der kranken Leitungsstrecke a—B wesentlich verringert. Die Abschaltung erfolgt auch dann schneller, wenn die Stromerzeugung nicht an einer, sondern an zwei oder mehreren Stellen des Netzes geschieht. Würde beispielsweise im Kraftwerk A lediglich ein Generator von nur 3000 kVA laufen und ein zweiter Generator gleicher Größe im Kraftwerk B, so käme trotz der geringen Maschineneinsätze keine Addition der Arbeitszeiten zustande, da die Überstrom-Anregeglieder der Relais an beiden Enden des gestörten Leitungsstranges durch den Kurzschluß gleichzeitig zum Ansprechen gebracht werden. Wäre hingegen der kleine Generator mit 2000 kVA im Kraftwerk A allein im Betrieb, so könnten die Schalter des kranken Leitungsstranges bei Vollasterregung der Maschine nur beim zweipoligen Kurzschluß, und zwar der Reihe nach auslösen. Beim dreipoligen Kurzschluß würde bei diesem Maschineneinsatz die Abschaltung der kranken Leitungsstrecke nur dann erfolgen, wenn die Maschine durch einen Spannungs-Schnellregler oder von Hand übererregt wird. Die Einstellung der Überstrom-Anregeglieder ist dabei unverändert.

Bei symmetrischer Lage der Fehlerstelle zur Stromquelle und bei der Maschineneinheit von 10000 kVA würden die Relais des nunmehr kranken Leitungsstranges (b—B) an beiden Enden gleichzeitig anlaufen und die Abschaltung in kürzerer Zeit, in etwa 1,5 s, bewirken. Wäre nur der 2000 kVA-Generator in Betrieb, so käme bei symmetrischer Lage der Fehlerstelle zur Stromquelle überhaupt keine Abschaltung zustande, da der halbe Dauerkurzschlußstrom auch bei übererregter Maschine unter dem Nennstrom der Stromwandler an jedem Ende der betroffenen Leitungsstrecke bleibt.

Die hier angestellten Überlegungen bezüglich Addition der Abschaltzeiten haben Gültigkeit, sofern die Anregung der Relais-Ablauf-

---

[1]) S. a. H. Grünewald, Die Berechnung dreipoliger Dauerkurzschlußströme in verbundgespeisten Netzen bei Berücksichtigung der Vorbelastungen, ETZ 1935, S. 33; in der Arbeit von G. Hameister, ETZ 1935, S. 669, ist ein einfaches Verfahren zur Lösung dieser Aufgabe angegeben; A. v. Timascheff, ETZ 1936, S. 1083.

glieder durch Überstrom-Anregeglieder erfolgt. Sie treffen im wesentlichen nicht zu, wenn an Stelle der Überstrom-Anregeglieder Unterimpedanz- oder Unterspannungs-Anregeglieder angewendet werden. Eine Addition der Arbeitszeiten kann allerdings auch bei Anwendung von Unterimpedanz-Anregegliedern auftreten, nur muß dann der Kurzschlußstrom beim Schalter 2 schon sehr klein sein.

e) In Freileitungsnetzen mit Ringleitungen bzw. parallelen Leitungen kommt es häufig vor, daß Kurzschlußlichtbögen schon durch das Auslösen eines Schalters zum Erlöschen gebracht werden. Der Grund für diese Erscheinung liegt darin, daß der Fehlerstrom, der dann über den zweiten Schalter in die kranke Leitungsstrecke fließt, nicht mehr ausreicht, um den Lichtbogen aufrechtzuerhalten. Nicht eingeweihte Betriebsleiter vermissen in solchen Fällen das Auslösen des zweiten Schalters und glauben, darin ein Versagen der Relais zu erkennen. Der Fachmann sieht demgegenüber in der einseitigen Abschaltung einen Vorteil, durch den die Wiederinbetriebnahme der Leitungsstrecke erleichtert wird.

2. Kurzschluß in einem Kabelnetz ohne Kurzschluß-Drosselspulen.

In diesem Abschnitt werden die Kurzschlußströme in einem gegebenen Netz für zwei verschiedene Annahmen ermittelt. Zunächst sollen die speisenden Maschinen unmittelbar, d. h. ohne Umspanner auf das Netz arbeiten und dann nach entsprechendem Umbau des Kraftwerkes über Transformatoren. Die Berechnung ergibt, daß der Stoßkurzschlußstrom nach dem Endausbau der Anlage infolge des Einflusses der Umspanner-Blindwiderstände kleiner ist als vor dem Ausbau, obwohl die Maschinenleistung wesentlich größer wird. Auch die Dauerkurzschlußströme erfahren durch die Aufstellung der Transformatoren eine (relative) Verminderung.

a) Kraftwerk ohne Transformatoren.

Im Kraftwerk nach Abb. 115 befinden sich 4 Turbogeneratoren mit einer Nennleistung von 60000 kVA in Betrieb. Diese mögen eine Gesamtstreuung von $\varepsilon_s = 22\%$, eine Ständerstreuung von $\varepsilon_{st} = 14\%$ und ein Kurzschlußverhältnis bei Leerlauf von $m_0 = I_k/I_n = 0,6$ haben. Die Maschinen seien voll belastet bei einem $\cos \varphi = 0,8$ und unter sich über die einzige 6,3 kV-Sammelschiene kurz (galvanisch und ohne Drosselspulen) gekuppelt. Unmittelbar hinter dem Schalter 1 entstehe an der Stelle K plötzlich ein satter (metallischer) Kurzschluß zwischen zwei Phasenleitern. Das betreffende unabhängige Überstromzeitrelais sei auf 1,8 s Ablaufzeit eingestellt und die Eigenzeit des Schalters 1 betrage einschließlich seiner Lichtbogenlöschzeit 0,2 s.

Zu ermitteln sind zunächst der Stoß- und der Dauerkurzschlußstrom, auf Grund deren dann festgestellt werden soll, welche Mindestleiterquerschnitte die Stromwandler der Anlage bei der vorgegebenen Beanspruchungszeit von $t = 2$ s haben müssen. Außerdem soll überprüft werden, ob die vorhandenen Sammelschienen den dynamischen Beanspruchungen gewachsen sind.

Der Schein- bzw. Blindwiderstand der Sammelschienen sowie der Verbindungskabel und Verbindungsleitungen von den Maschinen bis zur Fehlerstelle ist verschwindend klein. Er wird daher bei der nach-

$$48000 \text{ kW, } \cos \varphi = 0{,}8$$

$$\varepsilon_s = 22\%, \quad \varepsilon_{st} = 14\%, \quad m_o = \frac{I_k}{I_n} = 0{,}6$$

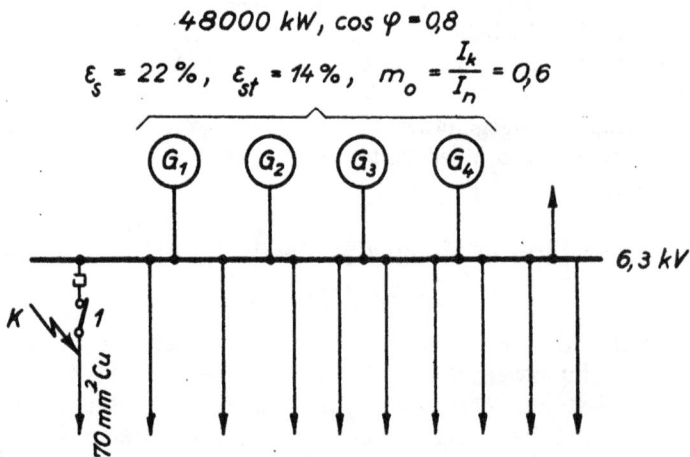

Abb. 115. Grundschaltbild einer 6 kV-Kabelnetzanlage, bei der die Maschinen mit dem Netz unmittelbar verbunden sind.

stehenden Berechnung vernachlässigt. Da die vier Generatoren einheitlich gebaut sind, werden sie zu einem Ersatzgenerator zusammengefaßt (s. a. die Ausführungen auf S. 54 und 151).

a) Nennstrom des Ersatzgenerators (die Nennspannung der Generatoren beträgt $U = 1{,}05 \cdot U_n = 1{,}05 \cdot 6000 = 6300$ V).

$$I_n = \frac{N \cdot 10^3}{\sqrt{3} \cdot U} = \frac{60000 \cdot 1000}{1{,}73 \cdot 6300} = 5500 \text{ A.}$$

b) Stoßkurzschlußstrom des Ersatzgenerators. Bei der Maschinenerregung, die der 1,1fachen Nennspannung des Netzes entspricht, also der 1,05fachen Nennspannung der Generatoren, beträgt der Stoßkurzschlußstrom

$$I_s = \varkappa \cdot \frac{1{,}05}{\varepsilon_{st}} \cdot I_n \cdot \sqrt{2} = 1{,}8 \cdot \frac{1{,}05}{0{,}14} \cdot 5500 \cdot 1{,}41 \approx 105000 \text{ A.}$$

Der Kurzschluß K ist dabei als Klemmenkurzschluß angenommen worden, da der Netzblindwiderstand x_n praktisch gleich Null ist. Bezüglich der Stoßziffer $\varkappa$ siehe Abb. 44.

c) Streublindwiderstand des Ersatzgenerators

$$x_s = \frac{U}{\sqrt{3} \cdot I_n} \cdot \frac{\varepsilon_s}{100} = \frac{6300 \cdot 22}{1{,}73 \cdot 5500 \cdot 100} \approx 0{,}146 \; \Omega.$$

d) Ankerrückwirkungs-Blindwiderstand des Ersatzgenerators

$$x_a = \frac{U}{\sqrt{3} \cdot I_n \cdot m_0} \; x_s = \frac{6300}{1{,}73 \cdot 5500 \cdot 0{,}6} - 0{,}146 \approx 0{,}96 \; \Omega.$$

e) Dauerkurzschlußstrom an der Kurzschlußstelle. Bei $\cos \varphi = 0{,}8$ ist die relative Erregung gemäß der Zahlentafel V auf Seite 64

$$v \approx 2.6.$$

Die numerische Kurzschlußentfernung ergibt sich zu

$$a = \frac{x_s + x_n}{x_s} = \frac{0{,}146 + 0}{0{,}146} = 1.$$

Der Sättigungsfaktor ist demnach laut Kurventafel der Abb. 46

$$k_{a_2} = 2{,}7$$

und der Dauerkurzschlußstrom

$$I_d^{\text{II}} = \frac{U}{2\left(\dfrac{x_a}{2} + x_s + x_n\right)} \cdot k_{a_2} = \frac{6300 \cdot 2{,}7}{2\left(\dfrac{0{,}96}{2} + 0{,}146 + 0\right)} \approx 13\,600 \; \text{A}.$$

Die Spannung an den Klemmen der Maschinen hat hierbei praktisch den Wert Null Volt, so daß die gesunden Kabel während der Kurzschlußdauer keinen Strom von den Maschinen beziehen können. Der Kurzschlußstrom an der Kurzschlußstelle ist daher gleich dem gesamten Maschinenstrom.

Falls die Maschinen mit Spannungs-Schnellreglern versehen sind, wird der Dauerkurzschlußstrom um etwa 30% größer, da dann mit einer relativen Erregung $v' \approx 3{,}5$ statt $v = 2{,}6$ gerechnet werden muß (s. a. die Ausführungen auf S. 65). Dementsprechend ist der Sättigungsfaktor in diesem Falle $k_{a_2}' \approx 3{,}5$ statt $k_{a_2} = 2{,}7$.

f) Erforderlicher Mindest-Primärleiterquerschnitt der Stromwandler. Der sehr hohe Stoß-Kurzschlußstrom von 105 000 A bewirkt eine erhebliche zusätzliche Kurzschlußerwärmung, und die durch ihn bedingte Zuschlagzeit Δt, die zur eigentlichen Kurzschlußdauer von $t = 2$ s zuzuzählen ist (vgl. Abschnitt 2b im Kapitel E), beträgt

$$\Delta t = \left(\frac{I_s}{1,8 \cdot \sqrt{2} \cdot I_d^{\text{II}}} \right)^2 \cdot T_w^{\text{II}} = \left(\frac{105\,000}{1,8 \cdot 1,41 \cdot 13\,600} \right)^2 \cdot 0,6 \approx 5,5 \text{ s.}$$

Der erforderliche Cu-Leiterquerschnitt der Stromwandler ergibt sich, wenn man eine Erwärmung von $\vartheta' = 190^0$ C zuläßt, zu

$$F = \sqrt{\frac{I_d^2 \, (t + \Delta t)}{\vartheta' \cdot c}} = \sqrt{\frac{13\,600^2 \, (2 + 5,5)}{190 \cdot 172}} = 206 \text{ mm}^2.$$

Würde man bei diesem Beispiel, bei dem die Generatoren mit dem kranken Anlageteil galvanisch verbunden sind und infolgedessen einen sehr hohen Stoßkurzschlußstrom liefern, für die Bemessung des Primärleiterquerschnittes der Stromwandler nur den errechneten Dauerkurzschlußstrom von 13600 A mit der vorgegebenen Abschaltzeit von $t = 2$ s zugrunde legen, so ergäbe sich ein viel zu geringer Mindestleiterquerschnitt von

$$F = \sqrt{\frac{I_d^2 \cdot t}{\vartheta \cdot c}} = \sqrt{\frac{13\,600^2 \cdot 2}{190 \cdot 172}} \approx 106 \text{ mm}^2.$$

Den gleichen Wert erhält man auch durch Anwendung der Formeln (52) und (53). Nach diesen Formeln beträgt der Sekundenstrom

$$I_{1s} = I_d \cdot \sqrt{t_k} = 13\,600 \sqrt{2} \approx 19\,200 \text{ A}$$

und der Leiterquerschnitt

$$F = \frac{I_{1s}}{180} = 106 \text{ mm}^2.$$

Vgl. auch das Zahlenbeispiel auf S. 83.

g) Die dynamische Beanspruchung der Verbindungsleitungen von den Sammelschienen zum Schalter 1, deren Abstand $d = 20$ cm beträgt, errechnet man je cm Länge nach Gl. (46) zu

$$P = \frac{2,04 \cdot 1 \cdot 105\,000^2 \cdot 10^{-8}}{20} \approx 11 \text{ kg.}$$

Erfolgt die Abstützung der Leiter von Meter zu Meter, so werden diese und die Stützer beansprucht mit

$$11 \cdot 100 = 1100 \text{ kg.}$$

Der Wert 1100 kg/m liegt über der Umbruchfestigkeit der VDE-mäßigen Stützer der Gruppen A (375 kg) und B (750 kg). Man muß deshalb im vorliegenden Falle Stützer der Gruppe C (1250 kg) verwenden oder die doppelte Anzahl B-Stützer.

Die vorstehenden Angaben gelten auch für die 6,3 kV-Sammelschienen, falls diese die gleichen Abstände d und die gleiche Spannweite l (vgl. auch Abb. 51) aufweisen wie die erwähnten Verbindungsleitungen.

Eine wesentliche Milderung der sehr hohen dynamischen und thermischen Beanspruchung der Anlageteile kann erreicht werden, wenn entweder die Sammelschienen mittels Trennschalter bzw. Kurzschluß-Drosselspulen (vgl. Abb. 68) unterteilt oder aber die Stichkabel mit Kurzschluß-Drosselspulen ausgerüstet werden (vgl. Abb 69).

β) Kraftwerk mit Transformatoren.

Nach erfolgtem Umbau des Kraftwerkes (vgl. Abb. 116) sollen vier Maschinen mit je 25000 kVA, cos $\varphi = 0,8$, $\varepsilon_s = 20\%$, $\varepsilon_{st} = 12\%$ über vier Umspanner 6/30 kV mit gleicher Nennleistung und $u_k = 6\%$ auf

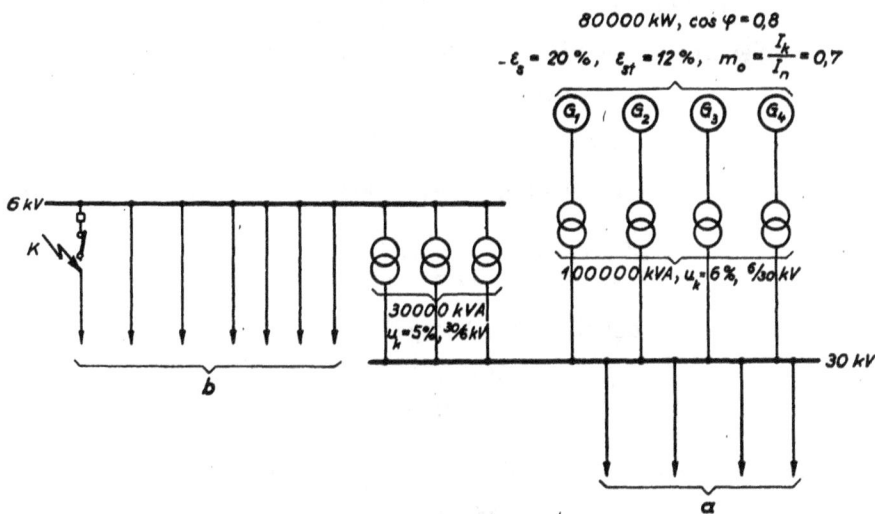

Abb. 116. Grundschaltbild einer 6/30 kV-Anlage, bei der die Maschinen über Umspanner mit den zu speisenden Kabelnetzen verbunden sind.

eine Sammelschiene arbeiten[1]), die ihrerseits über drei Umspanner 30/6 kV von je 10000 kVA und $u_k = 5\%$ mit dem 6 kV-Hauptverteilungs-Sammelschienensystem verbunden ist. Die vier Generatoren, die in Abb. 115 unmittelbar in die letztgenannten 6 kV-Sammelschienen speisen, fallen hier fort.

Zu ermitteln sind der Stoßkurzschlußstrom und die Dauerkurzschlußströme beim zwei- und dreipoligen Kurzschluß an der alten Stelle K

---

[1]) Für die Generatoren wurde irrtümlicherweise die Spannung 6 kV statt 10 kV in den Netzplan eingetragen.

unter ähnlichen Bedingungen wie im Abschnitt α. Die Berechnung geht wie folgt vor sich:

a) Nennstrom der vier Maschinen bei der Generatorspannung $U = 1{,}05 \cdot U_n = 6300\,\text{V}$

$$I_n = \frac{N \cdot 10^3}{\sqrt{3} \cdot U} = \frac{100\,000 \cdot 10^3}{1{,}73 \cdot 6300} \approx 9200\,\text{A}.$$

b) Streublindwiderstand der vier Generatoren

$$x_s = \frac{U}{\sqrt{3} \cdot I_n} \cdot \frac{\varepsilon_s}{100} = \frac{6300 \cdot 20}{1{,}73 \cdot 9200 \cdot 100} = 0{,}079\,\Omega.$$

c) Ankerrückwirkungs-Blindwiderstand der vier Generatoren

$$x_a = \frac{U}{\sqrt{3} \cdot I_n \cdot m_0} - x_s = \frac{6300}{1{,}73 \cdot 9200 \cdot 0{,}7} - 0{,}079 = 0{,}49\,\Omega.$$

d) Nennstrom der vier 6/30 kV-Umspanner

$$I_n' = \frac{N \cdot 10^3}{\sqrt{3} \cdot U_n} = \frac{100\,000 \cdot 1000}{1{,}73 \cdot 6000} = 9600\,\text{A}.$$

e) Streublindwiderstand der vier 6/30 kV-Umspanner

$$x_T' = \frac{U_n}{\sqrt{3} \cdot I_n'} \cdot \frac{u_k}{100} = \frac{6000 \cdot 6}{1{,}73 \cdot 9600 \cdot 100} = 0{,}022\,\Omega.$$

f) Nennstrom der drei 30/6-Umspanner

$$I_n'' = \frac{30\,000 \cdot 1000}{1{,}73 \cdot 6000} = 2890\,\text{A}.$$

g) Streublindwiderstand der drei 30/6 kV-Umspanner

$$x_T'' = \frac{6000 \cdot 5}{1{,}73 \cdot 2890 \cdot 100} = 0{,}060\,\Omega.$$

h) Stoßkurzschlußstrom an der Kurzschlußstelle K.

Hier liegen im Gegensatz zum Beispiel α zwischen den Stromerzeugern und der Fehlerstelle K die Blindwiderstände der Umspanner.

Der Stoßkurzschlußstrom ist demnach gemäß Gl. (37)

$$I_s = 1{,}8 \cdot \sqrt{2} \cdot \frac{1{,}05 \cdot U}{\sqrt{3}\,(x_{st} + x_T' + x_T'')} = \frac{16\,700}{0{,}225} \approx 75\,000\,\text{A}.$$

i) Dauerkurzschlußstrom beim zweipoligen Kurzschluß.

In diesem Falle ist:

Die relative Erregung gemäß der Formel (43)

$$v = 1{,}08 + \left(4{,}45 \cdot 0{,}2 + \frac{1}{0{,}7} - 0{,}43\right) F\,(0{,}8)$$

$$= 1{,}08 + 1{,}89 \cdot 0{,}72 = 2{,}44,$$

die numerische Kurzschlußentfernung gemäß Gl. (42a)

$$a = \frac{x_s + x_n}{x_s} = \frac{x_s + (x'_T + x''_T)}{x_s} = \frac{0{,}079 + 0{,}082}{0{,}079} = 2{,}04$$

und der Sättigungsfaktor nach den Kurven der Abb. 46

$$k_{a_s} = 2{,}3.$$

Der Dauerkurzschlußstrom beträgt demnach

$$I_d^{II} = \frac{U}{2\left(\dfrac{x_a}{2} + x_s + x_n\right)} \cdot k_{a_s} = \frac{6300 \cdot 2{,}3}{2 \cdot 0{,}406} = 17850 \text{ A.}$$

j) Dauerkurzschlußstrom beim dreipoligen Kurzschluß. Hier ist:

$$v = 2{,}44$$
$$a = 2{,}04$$
$$k_{a_s} = 2{,}5$$

$$I_d^{III} = \frac{U}{\sqrt{3}\,(x_a + x_s + x_n)} \cdot k_{a_s} = \frac{6300 \cdot 2{,}5}{1{,}73 \cdot 0{,}651} = 14000 \text{ A.}$$

Die Spannung an den 6 kV-Sammelschienen ist auch bei dieser Anlage wie beim Beispiel α im Kurzschlußfall praktisch gleich Null Volt, so daß während des Kurzschlusses über die gesunden 6 kV-Kabel kein Strom fließen kann. An den 30 kV-Sammelschienen stellt sich dagegen beim zweipoligen Kurzschluß in K (nach etwa 2 s) immerhin eine Dreiecksspannung von ungefähr 3 kV ein. Auch bei dieser Spannung dürfte jedoch eine nennenswerte Speisung der Stromverbraucher über die 30 kV-Kabel kaum stattfinden. Die Abzweigströme (Nutzlastströme) in den gesunden Netzteilen können demnach auch hier vernachlässigt werden. Der gesamte Maschinenstrom fließt somit praktisch in die Kurzschlußstelle K.

Falls die Maschinen mit Spannungs-Schnellreglern versehen sind, so ergeben sich auch hier infolge der höheren Maschinenerregung wesentlich höhere Dauerkurzschlußströme als die ermittelten.

3. Kurzschluß in einem Kabelnetz mit Kurzschluß-Drosselspulen.

Das in Abb. 115 vom Kurzschluß betroffene Kabel aus 70 mm² Cu sei mit einer 5 proz. Kurzschluß-Drosselspule ($I_n = 200$ A) geschützt. Unter dieser Annahme sind Dauerkurzschlußstrom und Stoßstrom für den Fall zu berechnen, daß der Kurzschluß unmittelbar hinter der Drosselspule auftritt. Außerdem ist die zulässige Beanspruchungszeit des Kabels bei der gegebenen vollen Maschinenleistung zu ermitteln und mit derjenigen Zeit zu vergleichen, die sich bei gleicher Maschinenleistung für das Kabel ohne Drosselspule ergibt.

a) Größter Dauerkurzschlußstrom (bei dreipoligem Kurzschluß, s. a. S. 34 u. 36), den die Drossel bei starrer Spannung an den Sammelschienen durchläßt

$$I_d^{\mathrm{III}} = I_n \cdot \frac{100}{\varepsilon_D} = 200 \cdot \frac{100}{5} = 4000 \,\mathrm{A}.$$

b) Größter Stoßkurzschlußstrom

$$I_s = \varkappa \cdot \sqrt{2} \cdot I_n \cdot \frac{100}{\varepsilon_D} = 1{,}8 \cdot 1{,}41 \cdot 200 \cdot \frac{100}{5} \approx 10\,200 \,\mathrm{A}.$$

c) Zulässige Beanspruchungszeit des Kabels. Diese ergibt sich (für den Fall der eingebauten Kurzschluß-Drosselspule) aus den Formeln (49a) und (54) zu

$$t = \frac{\vartheta' \cdot F^2 \cdot c}{I_d^2} - \Delta t = \frac{150 \cdot 70^2 \cdot 172}{4000^2} - 0{,}1 \approx 7{,}8 \,\mathrm{s}.$$

Die zulässige Übertemperatur der Leiter wird bei Cu-Kabeln gewöhnlich mit $\vartheta' = 150^0$ C angenommen. Die durch den Stoßkurzschlußstrom bedingte fiktive Zeit Δt hat hier den kleinen Wert von nur 0,1 s, weil die numerische Kurzschlußentfernung sehr groß ist ($a = 7{,}3$). Sie ergibt sich in folgender Weise:

$$\Delta t = \left(\frac{I_s}{1{,}8 \cdot \sqrt{2} \cdot I_d^{\mathrm{III}}} \right)^2 \cdot T_w^{\mathrm{III}} = \left(\frac{10\,200}{1{,}8 \cdot 1{,}41 \cdot 4000} \right)^2 \cdot 0{,}1 = 0{,}1 \,\mathrm{s}.$$

d) Zulässige Beanspruchungszeit des Kabels ohne Kurzschluß-Drosselspule (vgl. a. die Ausführungen auf S. 82). Sie beträgt

$$t = \frac{150 \cdot 70^2 \cdot 172}{13\,600^2} - 5{,}5 \approx - 4{,}8 \,\mathrm{s}.$$

Der fiktive Zuschlagswert von $\Delta t = 5{,}5$ s ist bereits auf S. 140 ausgerechnet worden. Man sieht, daß das 70 mm² Cu-Kabel bei den auftretenden Kurzschlußströmen ($I_d^{\mathrm{II}} = 13\,600$ A und $I_s = 105\,000$ A) schon etwa bei der Zeit $t = 0$ thermisch sehr stark gefährdet ist.

Durch den Einbau der Kurzschluß-Drosselspule kommt ein Stoß-kurzschlußstrom praktisch nicht mehr zur Ausbildung und der Dauer-kurzschlußstrom wird wesentlich kleiner. Die Maschinen behalten im Kurzschluß ihre volle Spannung und der eigentliche Netzbetrieb mit der Vorbelastung (Nutzlast) bleibt somit ruhig. Das kranke Kabel kann ohne Gefährdung mehrere Sekunden lang im Kurzschluß verharren. Ferner hat der Hochspannungsschalter nur noch eine verhältnismäßig geringe Ausschaltleistung zu bewältigen (s. Kapitel G).

4. Kurzschlüsse in einem Hochspannungsnetz mit mehreren Nennbetriebsspannungen.

Die in Abb. 117 dargestellte Netzanlage soll von einem 30000 kVA-Turbogenerator gespeist werden, der vor Kurzschlußeintritt voll erregt sei bei $\cos \varphi = 0.8$. Das Kurzschlußverhältnis des Generators sei bei

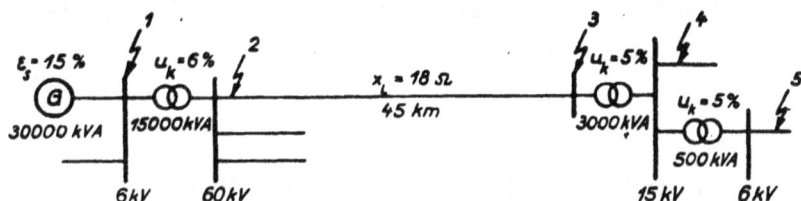

Abb. 117. Einseitig gespeistes Hochspannungsnetz mit mehreren Nenn-Betriebsspannungen.

Leerlauf $m_0 = I_k / I_n = 0.7$. Zu ermitteln sind die Kurzschlußströme bei dreipoligem Schluß[1] für die mit 1...5 bezeichneten Netzstellen.

α) Generatorgrößen.

a) Nennspannung:

$$U = 1.05 \cdot U_n = 1.05 \cdot 6000 = 6300 \, \text{V}.$$

U_n bedeutet die Netz-Nennspannung.

b) Nennstrom nach Gl. (13):

$$I_n = \frac{30000 \cdot 10^3}{\sqrt{3} \cdot 6300} = 2750 \, \text{A}.$$

c) Relative Erregung nach Gl. (43):

$$v = 1.08 + \left(4.45 \cdot 0.15 + \frac{1}{0.7} - 0.43\right) F(0.8)$$

$$= 1.08 + (1.67) \cdot 0.72 = 2.28.$$

---

[1] Zweipolige Kurzschlüsse treten in Freileitungsnetzen öfter auf als dreipolige. Es wird dem Leser überlassen, die Kurzschlußströme bei zweipoligen Kurzschlüssen selbst zu berechnen.

d) Streublindwiderstand nach Gl. (16):

$$x_s = \frac{6300}{\sqrt{3} \cdot 2750} \cdot \frac{15}{100} = 0,2 \, \Omega.$$

e) Ankerrückwirkungs-Blindwiderstand nach Gl. (17):

$$x_a = \frac{6300}{\sqrt{3} \cdot 0,7 \cdot 2750} - 0,2 = 1,7 \, \Omega.$$

β) Netzgrößen.

f) Netz-Nennspannung:

$$U_n = 6000 \, \text{V}.$$

Auf diese Spannung werden die folgenden Größen durchweg bezogen.

g) Netzblindwiderstände x_n für die fünf Kurzschlußpunkte:

Netzblindwiderstand für den Punkt 1:

$$x_n = 0.$$

Netzblindwiderstand für den Punkt 2:

Nennstrom des Transformators 1 nach Gl. (13):

$$I_n = \frac{15000 \cdot 10^3}{\sqrt{3} \cdot 6000} = 1440 \, \text{A}.$$

Blindwiderstand des Tranformators 1 nach Gl. (18):

$$x_{T_1} = \frac{6000}{\sqrt{3} \cdot 1440} \cdot \frac{6}{100} \approx 0,14 \, \Omega$$

$$x_n = x_{T_1} = 0,14 \, \Omega.$$

Netzblindwiderstand für den Punkt 3:

Blindwiderstand ($x_t = 18$ Ohm) der 60 kV-Freileitung je Phasenleiter, umgerechnet auf 6 kV nach Gl. (33):

$$x_L' = 18 \left(\frac{6}{60} \right)^2 = 0,18 \, \Omega$$

$$x_n = x_{T_1} + x_L' = 0,14 + 0,18 = 0,32 \, \Omega.$$

Netzblindwiderstand für den Punkt 4:

Nennstrom des Tranformators 2, bezogen auf 60 kV:

$$I_n = \frac{3000 \cdot 10^3}{\sqrt{3} \cdot 60000} = 29 \, \text{A}.$$

Blindwiderstand des Transformators 2, bezogen auf 60 kV:

$$x_{T_2} = \frac{60000}{\sqrt{3}\cdot 29} \cdot \frac{5}{100} = 60\,\Omega,$$

umgerechnet auf 6 kV:

$$x'_{T_2} = 60\left(\frac{6}{60}\right)^2 = 0,60\,\Omega$$

$$x_n = x_{T_1} + x'_L + x'_{T_2} = 0,14 + 0,18 + 0,60 = 0,92\,\Omega.$$

Netzblindwiderstand für den Punkt 5:

Nennstrom des Transformators 3:

$$I_n = \frac{500\cdot 10^3}{\sqrt{3}\cdot 6000} = 48\,\text{A}.$$

Blindwiderstand des Transformators 3:

$$x_{T_3} = \frac{6000}{\sqrt{3}\cdot 48} \cdot \frac{5}{100} = 3,6\,\Omega$$

$$x_n = 0,14 + 0,18 + 0,6 + 3,6 = 4,52\,\Omega.$$

h) Numerische Kurzschlußentfernung nach Gl. (42a):

Für den Punkt 1 $a = \dfrac{x_s + x_n}{x_s} = \dfrac{0,2 + 0}{0,2} = 1.$

Für Punkt 2 $a = 1,7.$
Für Punkt 3 $a = 2,6.$
Für Punkt 4 $a = 5,6.$
Für Punkt 5 $a = 23,6.$

γ) Dauerkurzschlußströme.

i) Dauerkurzschlußstrom bei dreipoligem Schluß nach Gl. (40a):

Für Punkt 1:

$$I_d^{\text{III}} = \frac{1,05\cdot 6000}{\sqrt{3}\cdot(1,7 + 0,2 + 0)} \cdot 2,3 = 4400\,\text{A}.$$

Sättigungsfaktor $k = 2,3$ für $v = 2,28$ und $a = 1$ nach den Kurven der Abb. 46.

Der Generatorstrom ist hier gleich dem Strom an der Kurzschluß-stelle.

Für Punkt 2:

$$I_d^{III} = \frac{6300}{\sqrt{3}\,(1{,}7 + 0{,}2 + 0{,}14)} \cdot 2{,}3 = 4100 \text{ A.}$$

Sättigungsfaktor $k = 2{,}3$ für $v = 2{,}28$ und $a = 1{,}7$.

Der Strom am Kurzschlußort beträgt

$$I_d^{III} = 4100 \left(\frac{6}{60}\right) = 410 \text{ A.}$$

Für den Punkt 3:

$$I_d^{III} = \frac{6300}{\sqrt{3}\,(1{,}7 + 0{,}2 + 0{,}32)} \cdot 2{,}3 = 3780 \text{ A.}$$

Sättigungsfaktor $k = 2{,}3$ für $v = 22{,}28$ und $a = 2{,}6$.

Der Strom an der Kurzschlußstelle beträgt

$$I_d^{III} = 3780 \left(\frac{6}{60}\right) = 378 \text{ A.}$$

Für Punkt 4:

$$I_d^{III} = \frac{6300}{\sqrt{3}\,(1{,}7 + 0{,}2 + 0{,}92)} \cdot 2{,}1 = 2700 \text{ A}$$
$$k = 2{,}1 \text{ für } v = 2{,}28 \text{ und } a = 5{,}6.$$

Der Strom an der Kurzschlußstelle beträgt

$$I_d^{III} = 2700 \left(\frac{6}{15}\right) = 1080 \text{ A.}$$

Für Punkt 5:

$$I_d^{III} = \frac{6300}{\sqrt{3}\,(1{,}7 + 0{,}2 + 4{,}52)} \cdot 1{,}65 = 935 \text{ A}$$
$$k = 1{,}65 \text{ für } v = 2{,}28 \text{ und } a = 23{,}6.$$

Nach der Formel (19) erhalten wir praktisch den gleichen Stromwert, und zwar

$$I_d^{III} = I_n \cdot \frac{100}{u_k} = 48 \cdot \frac{100}{5} = 960 \text{ A,}$$

denn auf der Oberspannungsseite des 500 kVA-Transformators bleibt beim Kurzschluß 5 die Sammelschienenspannung starr. Man hätte sich für den Punkt 5 alle Rechnungsarbeiten bis auf die Anwendung der Gl. (19) ersparen können.

Die Ströme bei zweipoligen Kurzschlüssen werden sinngemäß nach Gl. (41a) ermittelt, s. a. das Zahlenbeispiel auf S. 133.

J. Kurzschlußströme in vermaschten und mehrfach gespeisten Netzen.

1. Allgemeine Betrachtungen.

In Netzen, die vermascht sind und von mehreren Kraftwerken gespeist werden (verbundgespeiste Netze), läßt sich die Berechnung der Kurzschlußströme nicht so leicht durchführen, wie bei den bisher betrachteten einfachen Beispielen[1]. Der Rechnungsgang ist hier sehr umständlich, und es müssen verschiedene Vereinfachungen getroffen werden, um übersichtliche Verhältnisse zu bekommen. Die Endergebnisse sind daher auch weniger genau.

Die Ermittlung der Kurzschlußströme in verbundgespeisten Netzen kann allgemein nach folgenden vier Verfahren vorgenommen werden:

a) Für die ausschließlich rechnerische Erfassung der Kurzschlußströme in solchen Netzen werden im Abschnitt 2 dieses Kapitels praktische Winke gegeben und ein einfaches Zahlenbeispiel gebracht.

b) In der Praxis begnügt man sich oft damit, nur den größten und kleinsten Kurzschlußstrom an den exponierten Stellen solcher Netze in vereinfachter Form rechnerisch festzustellen und für die übrigen Netzpunkte daraus Näherungswerte zu schätzen.

Den größten Dauerkurzschlußstrom ermittelt man hier unter der Annahme, daß sämtliche Maschinen und Umspanner (zwischen Kraftwerk und Kurzschlußstelle) in Betrieb sind und daß die Fehlerstelle sich in unmittelbarer Nähe des größten Kraftwerkes befindet.

Den kleinsten Dauerkurzschlußstrom erhält man beim geringsten Maschineneinsatz und bei der größten numerischen Kurzschlußentfernung bzw. beim längsten Kurzschlußstrompfad.

Diese beiden Regeln gelten sinngemäß auch für einfach gespeiste Netze.

c) In großen verbundgespeisten Netzen ist es mitunter erforderlich, überschlägige Kurzschlußstromberechnungen im Zusammenhang mit

---

[1] F. Ollendorf, Praktische Berechnung von Kurzschlußströmen in mehrfach gespeisten Netzen, ETZ 1931, S. 1487, 1523 und 1573. — H. Grünewald, Die Berechnung dreipoliger Dauerkurzschlüsse in verbundgespeisten Netzen bei Berücksichtigung der Vorbelastungen, ETZ 1935, S. 33; s. a. Dissertation von H. Grünewald, T.H. Berlin 1934.

Störungsaufklärungen durchzuführen. In solchen Fällen bedienen sich viele Werke mit Erfolg der Aufzeichnungen von Spannungs-Störungsschreibern (Abb. 111...113), mit Hilfe derer die Spannung zwischen den kurzgeschlossenen Leitern von der Fehlerstelle aus bis zur Stromquelle rekonstruiert wird. Daraus können dann leicht Schlüsse auf die Größe der Kurzschlußströme gezogen werden. Mancherorts benutzt man sogar Strom-Störungsschreiber, die das Ablesen der Kurzschlußströme unmittelbar gestatten.

d) Zur Ermittlung der Kurzschlußströme in vermaschten und mehrfach gespeisten Netzen werden zuweilen auch Netzmodelle (Meßschränke) benutzt (Abb. 118 und 119), die das Netzgebilde einschließlich der Transformatoren und Kurzschluß-Drosselspulen mit seinen Widerständen darstellen[1]). Solche Netzabbilder liefern verhältnismäßig gute Werte in Netzen mit starrer Spannung

Abb. 118. Kurzschlußberechnungs-schrank der Brooklyn Edison Company.

Abb. 119. Netzabmodell von SSW.

[1]) S. a. W. Koch und R. Völzing, Netzwiderstandsabbild zur Bestimmung der Stromverhältnisse in Netzen, Siemens-Zt. 1934, S. 197.

bei Kurzschluß (s. Kapitel D unter 4c), wo bekanntlich die Kurzschlußstromstärke sich durch den Quotienten aus Netz-Betriebsspannung und
Scheinwiderstand der Kurzschlußstrombahn ergibt. Bei Netzen mit
nicht starrer Spannung bei Kurzschluß (s. Kapitel D unter 4b) sind
die Ergebnisse ungenauer, da dort die Erregung und Sättigung der
Maschinen sowie die Ankerrückwirkung berücksichtigt werden müssen,
was nicht so einfach zu erreichen ist. Man kann allerdings den Netzblindwiderstand durch ein Netzabbild einfacher als durch umständliche
Rechnungsarbeiten ermitteln, insbesondere bei stark vermaschten Netzen.
Den so ermittelten Netzblindwiderstand setzt man dann in die Formel
(40a) oder (41a) entsprechend ein und erhält daraus den Kurzschlußstrom.

Im Ausland, insbesondere in Amerika, werden solche Netzabbilder
seit Jahren gern benutzt. In Deutschland dagegen trifft man sie nur
vereinzelt an, und da eigentlich nur als Vorführungstafeln.

2. Rechnerische Erfassung der Kurzschlußströme in verbund-gespeisten Netzen.

Ein verbundgespeister Kurzschluß liegt dann vor, wenn in einem
offenen oder vermaschten Netz mehrere Kraftwerke auch während des
Kurzschlusses über Leitungen gekuppelt bleiben oder ihre Kurzschlußströme teilweise über diese Leitungswege zur Kurzschlußstelle fließen[1]).

Für die Berechnung der Kurzschlußströme in solchen Netzen mögen
folgende Hinweise dienen:

a) Parallel geschaltete Generatoren können in den einzelnen Kraftwerken zu einem Ersatzgenerator zusammengefaßt werden
(Abb. 121). Die Leistung des Ersatzgenerators ist gleich der Summe
der Einzelleistungen der Generatoren

$$N = N_1 + N_2 + N_3 + \cdots \qquad \cdots \cdots \cdots (60)$$

In Abb. 38 ist die Zusammenfassung einzelner Generatoren zu einem
Ersatzgenerator bildlich dargestellt.

b) Sind die Kurzschlußverhältnisse I_k/I_n und die Streuspannungen der Generatoren untereinander abweichend, so errechnen
sich diese für den Ersatzgenerator aus den Beziehungen:

$$\left.\begin{aligned} \frac{I_k}{I_n} &= g_1 \left(\frac{I_k}{I_n}\right)_1 + g_2 \left(\frac{I_k}{I_n}\right)_2 + \cdots \\ \frac{1}{\varepsilon_s} &= g_1 \cdot \frac{1}{\varepsilon_{s_1}} + g_2 \frac{1}{\varepsilon_{s_2}}, \end{aligned}\right\} \qquad \cdots \cdots (61)$$

---

[1]) H. Grünewald, ETZ 1935, S. 33.

in denen

$$g_1 = \cfrac{N_1}{N_1 + N_2 + N_3 + \cdots}$$

und

$$g_2 = \cfrac{N_2}{N_1 + N_2 + N_3 + \cdots} \qquad \left. \right\} \quad \dots \dots \quad (62)$$

bedeuten.

c) Innerhalb eines vermaschten Netzes verteilt sich der Kurzschlußstrom nach den Kirchhoffschen Gesetzen.

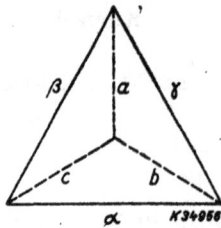

Abb. 120. Umwandlung des Dreiecks in einen Stern.

d) Die Widerstände parallel geschalteter Anlageteile, wie Kabel, Freileitungen u. dgl. ermittelt man mit Hilfe der in Abb. 38 angeführten Gleichungen.

e) In vermaschten Netzen ist es zur Erleichterung der Rechnung mitunter notwendig, Dreieckmaschen in widerstandsgetreue Sterne umzuwandeln (Abb. 120). Die Umwandlung des Dreiecks in den Stern erfolgt nach den Formeln

$$a = \frac{\beta \cdot \gamma}{\alpha + \beta + \gamma},$$

$$b = \frac{\alpha \cdot \gamma}{\alpha + \beta + \gamma}, \qquad \left. \right\} \quad \dots \dots \quad (63)$$

$$c = \frac{\alpha \cdot \beta}{\alpha + \beta + \gamma},$$

die besagen, daß die Sternverbindung gleich ist dem Produkt der anliegenden Dreieckverbindungen, dividiert durch die Summe der Dreieckverbindungen.

f) Falls in einem mehrfach gespeisten Netz die Kurzschlußstelle eine Aufteilung des Netzes in mehrere einfach gespeiste Kurzschlüsse nicht zuläßt, so empfiehlt es sich, zu folgender Hilfsmaßnahme zu greifen:

An Stelle des Kurzschlusses wird eine einzige Spannungsquelle im Netz mit der Ersatzspannung U' eingeführt. Die Kraftwerke und das Netz stellen dann für diese Stromquelle eine Belastung dar. Jedes Kraftwerk wird durch seine Streureaktanz x_s und Ankerreaktanz x_a dargestellt (vgl. das Ersatzschaltbild in Abb. 121). Die Stromanteile der einzelnen Kraftwerke ergeben sich dann nach den Kirchhoffschen Gesetzen als die Ströme, die in dem Ersatzbild in die Kraftwerkswiderstände hineinfließen.

Aus diesen Stromanteilen und der Ersatzspannung U' findet man die entsprechenden Widerstandsgrößen. Vermindert man diese um die inneren Blindwiderstände der Maschinen ($x_s + x_a$), so erhält man die zur endgültigen Ermittlung der Dauerkurzschlußströme erforderlichen Betriebsnetzreaktanzen (vgl. a. das Zahlenbeispiel auf S. 159).

Die Betriebsnetzreaktanz bringt zum Ausdruck, daß mehrere Kraftwerke den Kurzschluß über einen gemeinsamen Weg speisen. Sie hängt im Gegensatz zur einfachen Netzreaktanz (s. Seite 48) nicht nur von der Größe der Blindwiderstände des eigentlichen Netzes ab, sondern wird auch durch die Reaktanzen der die Kurzschlußstelle speisenden Maschinen beeinflußt.

Aus der Streureaktanz x_s und der Betriebsnetzreaktanz $x_{n'}$ ermittelt man die numerische Kurzschlußentfernung für die Kraftwerke zu

$$a = \frac{x_s + x_{n'}}{x_s}$$

und anschließend die relative Erregung v aus Gl. (43). Mit Hilfe von a und v ergibt sich dann an Hand der Abb. 46 der Kurzschlußfaktor k. Nun kann die Errechnung des Dauerkurzschlußstromes unter Berücksichtigung der Sättigung der Generatoren mit Hilfe der Gl. (40a) und (41a) vorgenommen werden.

Die für den dreipoligen Kurzschluß ermittelte Betriebsnetzreaktanz ist näherungsweise auch für die Verteilung der Dauerkurzschlußströme bei zweipoligem Schluß und für die Stoßkurzschlußströme maßgebend.

3. Zahlenbeispiel.

In dem verbundgespeisten Kabelnetz nach Abb. 121 entstehe an der Stelle K_1 ein dreipoliger satter Kurzschluß. Die drei synchronlaufenden Kraftwerke I, II und III speisen die Kurzschlußstelle. Die Hauptdaten von den Generatoren und den Speisekabeln sind im Netzplan eingetragen.

Es sind die Stoß- und Dauerkurzschlußströme sowie die Ausschaltströme bzw. Ausschaltleistungen für die gegebenen Verhältnisse zu berechnen.

Man ermittelt zunächst die noch fehlenden Daten der Maschinen in den einzelnen Kraftwerken.

Kraftwerk I (Turbogenerator, Vollasterregung bei cos $\varphi = 0,8$).

a) Nennstrom des Generators

$$I_n = \frac{N \cdot 10^3}{\sqrt{3} \cdot U} = \frac{10000 \cdot 1000}{1,73 \cdot 6300} \approx 920 \, \text{A}.$$

b) Ständerreaktanz des Generators

$$x_{st} = \frac{U}{\sqrt{3} \cdot I_n} \cdot \frac{\varepsilon_{st}}{100} = \frac{6300 \cdot 14}{1,73 \cdot 920 \cdot 100} = 0,55 \, \Omega.$$

c) Streureaktanz des Generators

$$x_s = \frac{U}{\sqrt{3} \cdot I_n} \cdot \frac{\varepsilon_s}{100} = \frac{6300 \cdot 22}{1{,}73 \cdot 920 \cdot 100} = 0{,}87 \ \Omega.$$

d) Ankerreaktanz des Generators

$$x_a = \frac{U}{\sqrt{3} \cdot I_n \cdot I_k/I_n} - x_s = \frac{6300}{1{,}73 \cdot 920 \cdot 0{,}6} - 0{,}87 = 5{,}7 \ \Omega.$$

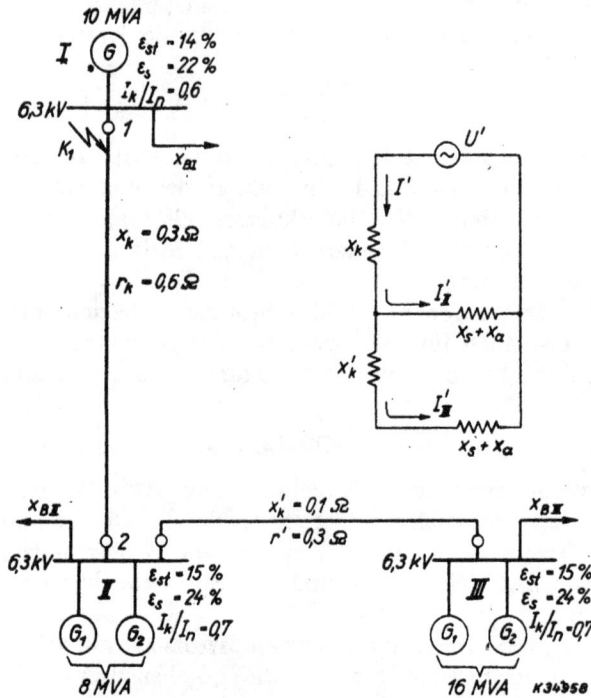

Abb. 121. Verbundgespeistes Kabelnetz mit Kurzschluß an der Stelle K_1 und Ersatzschaltbild für die Kraftwerke II und III bis zur Kurzschlußstelle K_1.

e) Gesamtreaktanz des Generators

$$x_a + x_s = 5{,}7 + 0{,}87 \approx 6{,}57 \ \Omega.$$

f) Wirkwiderstand des Generators (s. Seite 14)

$$r = x_{st} \cdot 0{,}07 = 0{,}55 \cdot 0{,}07 \approx 0{,}04 \ \Omega.$$

g) Relative Erregung des Generators bei $\cos \varphi = 0{,}8$ gemäß der Zahlentafel V auf Seite 64.

$$v = 2{,}6.$$

Kraftwerk II. Beide Turbogeneratoren sind zu einem Ersatzgenerator zusammengefaßt. Vollasterregung bei $\cos \varphi = 0{,}8$.

a) Nennstrom des Ersatzgenerators nach Gl. (13)

$$I_n = \frac{8000 \cdot 1000}{1{,}73 \cdot 6300} = 735 \text{ A.}$$

b) Ständerreaktanz nach Gl. (16a)

$$x_{st} = \frac{6300 \cdot 15}{1{,}73 \cdot 735 \cdot 100} = 0{,}74 \,\Omega.$$

c) Streureaktanz nach Gl. (16)

$$x_s = \frac{6300 \cdot 24}{1{,}73 \cdot 735 \cdot 100} = 1{,}19 \,\Omega.$$

d) Ankerreaktanz nach Gl. (17)

$$x_a = \frac{6300}{1{,}73 \cdot 735 \cdot 0{,}7} - 1{,}19 = 5{,}9 \,\Omega.$$

e) Gesamtreaktanz des Ersatzgenerators

$$x_a + x_s = 5{,}9 + 1{,}19 = 7{,}09 \,\Omega.$$

f) Wirkwiderstand des Ersatzgenerators

$$r = 0{,}74 \cdot 0{,}07 \approx 0{,}05 \,\Omega.$$

g) Relative Erregung bei $\cos \varphi = 0{,}8$ gemäß Zahlentafel V

$$v = 2{,}6.$$

Kraftwerk III. Die beiden Turbogeneratoren sind zu einem Ersatzgenerator zusammengefaßt. Vollasterregung bei $\cos \varphi = 0{,}8$.

a) $I_n = 1470$ A.
b) $x_{st} = 0{,}37 \,\Omega$.
c) $x_s = 0{,}59 \,\Omega$.
d) $x_a = 2{,}95 \,\Omega$.
e) $x_a + x_s = 3{,}54 \,\Omega$.
f) $r = 0{,}025 \,\Omega$.
g) $v = 2{,}6$.

α) Ermittlung der Stoßkurzschlußströme.

Das Kraftwerk I liefert über den Schalter 1 in die Kurzschlußstelle K_1 gemäß Gl. (35) einen Stoßkurzschlußstrom von

$$I_s = \varkappa \cdot \sqrt{2} \cdot I_n \cdot \frac{1{,}05}{\varepsilon_{st}} = 1{,}8 \cdot 1{,}41 \cdot 920 \cdot \frac{1{,}05}{0{,}14} = 17\,550 \text{ A.}$$

Es wird hier $\varkappa = 1{,}8$ angenommen, da r/x sehr klein ist (vgl. Abb. 44).

Der Stoßkurzschlußstrom, der von den Kraftwerken II und III über den Schalter 2 in die Kurzschlußstelle K_1 geliefert wird, wird folgendermaßen ermittelt:

Die Wirk- und Blindwiderstände des Ersatzgenerators im Kraftwerk II sind:

$$x_{st_2} = 0{,}74 \, \Omega; \quad r_2 = 0{,}05 \, \Omega.$$

Die Wirk- und Blindwiderstände, gerechnet vom Sternpunkt der Maschinen des Kraftwerkes III bis zur Sammelschiene des Kraftwerkes II betragen:

$$r_1 = r + r'_k = 0{,}025 + 0{,}3 = 0{,}325 \, \Omega,$$
$$x_1 = x_{st} + x'_k = 0{,}37 + 0{,}1 = 0{,}47 \, \Omega.$$

Durch Parallelschaltung der Kraftwerke II und III am Verzweigungspunkt (Sammelschiene des Kraftwerkes II), ergeben sich folgende resultierende Wirk- und Blindwiderstände:

$$r = \frac{r_1 \cdot r_2}{r_1 + r_2} = \frac{0{,}325 \cdot 0{,}05}{0{,}325 + 0{,}05} = 0{,}045 \, \Omega,$$

$$x = \frac{x_1 \cdot x_{st_2}}{x_1 + x_{st_2}} = \frac{0{,}47 \cdot 0{,}74}{0{,}47 + 0{,}74} = 0{,}288 \, \Omega.$$

Durch Reihenschaltung dieser Werte mit den Wirk- und Blindwiderständen des kurzgeschlossenen Kabels erhält man die Gesamtwiderstände zu:

$$r_r = r + r_k = 0{,}045 + 0{,}6 = 0{,}645 \, \Omega$$

und

$$x_r = x + x_k = 0{,}288 + 0{,}3 = 0{,}588 \, \Omega.$$

Die Verhältniszahl r/x ergibt sich hieraus zu

$$r/x = \frac{0{,}645}{0{,}588} = 1{,}1$$

und die entsprechende Stoßziffer $\varkappa$ aus Abb. 44 zu

$$\varkappa = 1{,}05.$$

Der von den Kraftwerken II und III herrührende Stoßkurzschlußstrom ist gemäß Gl. (37)

$$I_s = \frac{\varkappa \cdot \sqrt{2} \cdot 1{,}05 \cdot U}{\sqrt{3} \cdot \sqrt{r_r{}^2 + x_r{}^2}} = \frac{1{,}05 \cdot 1{,}41 \cdot 1{,}05 \cdot 6300}{1{,}73 \sqrt{0{,}645^2 + 0{,}588^2}} = 6480 \text{ A}.$$

β) Ermittlung der Ausschaltleistungen.

Über den Schalter 1 fließt in Richtung der Fehlerstelle K_1 ein Stoßkurzschluß-Wechselstrom nach Gl. (38) von

$$I_{sw} = \frac{I_s}{\sqrt{2} \cdot \varkappa} = \frac{17550}{1{,}41 \cdot 1{,}8} = 6900 \text{ A}.$$

Bei einem Mindestschaltverzug $t \approx 0,1$ s ergibt sich gemäß Gl. (59) ein Ausschaltstrom von

$$I_a = \mu \cdot I_{sw} = 0,75 \cdot 6900 = 5180 \text{ A.}$$

Für $I_{sw}/I_n = \dfrac{6900}{920} = 7,5$ ist $\mu = 0,75$ gemäß Abb. 103.

Die entsprechende Ausschaltleistung ist dann

$$N_k = \sqrt{3} \cdot U_n \cdot I_a = 1,73 \cdot 6000 \cdot 5180 \approx 54 \text{ MVA.}$$

Bei einem Mindestschaltverzug $t \geqq 0,25$ s ist der Ausschaltstrom

$$I_a' = \mu' \cdot I_a = 0,66 \cdot 6900 = 4550 \text{ A}$$
$$\mu' = 0,66$$

und die entsprechende Ausschaltleistung

$$N_k' = \sqrt{3} \cdot U_n \cdot I_a' = 1,73 \cdot 6000 \cdot 4550 \approx 47 \text{ MVA.}$$

Wäre der Schaltverzug $t = 2$ s, so ergäbe sich bei dreipoligem Kurzschluß eine Ausschaltleistung von nur

$$N_k'' = \sqrt{3} \cdot U_n \cdot I_d = 1,73 \cdot 6000 \cdot 1470 \approx 15 \text{ MVA.}$$

Der Ausschaltstrom ist hier etwa gleich dem Dauerkurzschlußstrom: $I_a \approx I_d = 1470$ A (siehe Seite 158). Denn nach $t = 2$ s dürfte sich der Ausgleichvorgang bei Nennerregung der Maschine praktisch vollzogen haben (Spannungs-Schnellregler!).

Über den Schalter 2 ergießt sich ein Stoßkurzschluß-Wechselstrom von

$$I_{sw} = \frac{I_s}{\sqrt{2} \cdot \varkappa} = \frac{6480}{1,41 \cdot 1,05} \approx 4380 \text{ A.}$$

Der Ausschaltstrom errechnet sich für einen Schaltverzug von $t \geqq 0,25$ s zu

$$I_a = \mu \cdot I_{sw} \approx 0,95 \cdot 4380 = 4170 \text{ A.}$$

Für $I_{sw}/I_n = \dfrac{4380}{2200} = 2$ ist $\mu = 0,95$.

Der Ausschaltstrom I_a wurde hier der Einfachheit halber summarisch ermittelt. Nach den REH 1937 sollte man eigentlich die Ausschaltströme der Kraftwerke II und III zuerst mit den entsprechenden Korrekturziffern μ und μ' getrennt errechnen. Da jedoch im vorliegenden Falle der Netzwiderstand zwischen den genannten Kraftwerken sehr klein ist, so konnte der diesbezügliche Rechnungsgang ausgeschaltet werden, ohne das Ergebnis merklich zu verändern.

Die Ausschaltleistung beträgt dabei

$$N_k = \sqrt{3} \cdot U_n \cdot I_a = 1{,}73 \cdot 6000 \cdot 4170 \approx 43 \text{ MVA}.$$

Bei einem Schaltverzug von $t = 2$ s beträgt die Ausschaltleistung etwa

$$N_k' = \sqrt{3} \cdot U_n \cdot I_d = 1{,}73 \cdot 6000 \cdot 3500 \approx 36 \text{ MVA}.$$

Der Dauerkurzschlußstrom $I_d = 3500$ A ist auf Seite 160 berechnet.

Der Schaltverzug ist im wesentlichen abhängig von der Art der Schutzrelais (Differentialrelais, Richtungsrelais, Distanzrelais u. dgl.). Beim Fernschalten auf den Kurzschluß werden überdies die Schalter oft willkürlicherweise praktisch unverzögert ausgelöst.

γ) Ermittlung der Dauerkurzschlußströme.

Das Kraftwerk I liefert einen Dauerkurzschlußstrom bei dreipoligem Schluß von

$$I_{dI} = \frac{U}{\sqrt{3} \cdot (x_a + x_s + x_n)} \cdot k_{a_s} = \frac{6300 \cdot 2{,}65}{1{,}73\,(5{,}7 + 0{,}87 + 0)} = 1470 \text{ A}.$$

Der Netzblindwiderstand ist $x_n = 0$ und mithin die numerische Kurzschlußentfernung $a = \dfrac{x_s + 0}{x_s} = 1$. Der Wirkwiderstand des Kurzschlußkreises wurde vernachlässigt, da er nur einen Bruchteil der Ankerreaktanz ausmacht. Im folgenden wird er aus dem gleichen Grunde ebenfalls vernachlässigt.

Den von den Kraftwerken II und III herrührenden Dauerkurzschlußstrom ermittelt man durch die auf Seite 152 erläuterte Hilfsmaßnahme. An der Kurzschlußstelle K_1 denkt man sich eine Ersatzspannung in Höhe der Generator-Nennspannung von 6,3 kV, die den Strom in die entregt gedachten Kraftwerke (hier also Belastungswiderstände) treibt. Der Strom hat dabei folgende Widerstände zu überwinden:

a) Die Kabelreaktanz

$$x_k = 0{,}3\ \Omega.$$

b) Die Streu- und Ankerreaktanz der Generatoren im Kraftwerk II

$$x_s + x_a = 1{,}19 + 5{,}9 = 7{,}09\ \Omega.$$

c) Die Kabelreaktanz

$$x_k' = 0{,}1\ \Omega.$$

sowie die Streu- und Ankerreaktanz der Maschinen im Kraftwerk III

$$x_s + x_a = 0{,}59 + 2{,}95 = 3{,}54\ \Omega,$$

die zusammen einen Blindwiderstand von

$$0{,}1 + 3{,}54 = 3{,}64\ \Omega$$

darstellen.

d) Der gesamte Blindwiderstand der Kraftwerke II und III bis zum Verzweigungspunkt an den Sammelschienen des Kraftwerkes II beträgt:

$$x = \frac{7,09 \cdot 3,64}{7,09 + 3,64} = 2,4 \; \Omega.$$

Die an der Kurzschlußstelle K_1 angenommene Ersatzspannung U' erzeugt nun einen Strom

$$I' = \frac{U'}{\sqrt{3} \, (x_k + x)} = \frac{6300}{1,73 \, (0,3 + 2,4)} = 1350 \; \text{A},$$

der sich auf die Werke II und III im umgekehrten Verhältnis der vom Verzweigungspunkt errechnenden Blindwiderständen aufteilt

$$I'_{\text{II}} = \frac{2,4}{7,09} \cdot 1350 \approx 460 \; \text{A}$$

und

$$I'_{\text{III}} = \frac{2,4}{3,64} \cdot 1350 \approx 890 \; \text{A}.$$

Damit diese Ströme entsprechend der Wirklichkeit von den Kraftwerken II und III nach der Kurzschlußstelle fließen können, müssen die Blindwiderstände

$$x_{\text{II}} = \frac{6300}{\sqrt{3} \cdot 460} = 7,93 \; \Omega.$$

und

$$x_{\text{III}} = \frac{6300}{\sqrt{3} \cdot 890} = 4,1 \; \Omega.$$

überwunden werden.

Zieht man von diesen Blindwiderständen die anteiligen Maschinenreaktanzen ab, so ergeben sich die gesuchten **Betriebs-Netzblindwiderstände** (s. Seite 153) zu

$$x_{\text{II}_n} = 7,93 - 7,09 = 0,84 \; \Omega$$

und

$$x_{\text{III}_n} = 4,1 - 3,54 = 0,56 \; \Omega.$$

Die numerischen Kurzschlußentfernungen sind dann für die Kraftwerke II und III

$$a_{\text{II}} = \frac{x_s + x_{\text{II}_n}}{x_s} = \frac{1,19 + 0,84}{1,19} = 1,7$$

und

$$a_{\text{III}} = \frac{x_s + x_{\text{III}_n}}{x_s} = \frac{0,59 + 0,56}{0,59} = 1,95.$$

Bei der relativen Erregung der Maschinen mit $v = 2,6$ betragen die Kurzschlußfaktoren (Sättigungswerte) gemäß Abb. 46 für beide Kraftwerke

$$k_{a_s} = 2,6.$$

Die von den Kraftwerken II und III herrührenden Dauerkurzschlußströme bei dreipoligem Schluß sind nunmehr nach Gl. (40a)

$$I_{d_{II}} = \frac{U}{\sqrt{3}\,(x_s + x_a + x_n)} \cdot k_{a_s} = \frac{6300 \cdot 2,6}{1,73\,(1,19 + 5,9 + 0,84)} = 1195\ \text{A}$$

und

$$I_{d_{III}} = \frac{6300 \cdot 2,6}{1,73\,(0,59 + 2,95 + 0,56)} = 2310\ \text{A}.$$

Der gesamte Dauerkurzschlußstrom, der von den Kraftwerken II und III über den Schalter 2 nach der Kurzschlußstelle fließt, ist somit

$$I_d = I_{d_{II}} + I_{d_{III}} = 1195 + 2310 \approx 3500\ \text{A}.$$

An der Kurzschlußstelle K_1 vereinigt sich dieser Strom mit dem vom Kraftwerk I herrührenden Dauerkurzschlußstrom I_{d_1}.

δ) Diskussion des Zahlenbeispieles und Zusatzbemerkungen.

Bei der Durchrechnung des Beispiels wurde angenommen, daß die Maschinen vor Kurzschlußeintritt voll erregt waren. Weiter wurde angenommen, daß die Spannungs-Schnellregler an den Generatoren während der Kurzschlußzeit wirkungslos blieben; andernfalls wäre der Sättigungsfaktor k (s. Seite 63) und mithin auch die Dauerkurzschlußströme I_{d_1}, $I_{d_{II}}$ und $I_{d_{III}}$ größer ausgefallen. Schließlich wurde noch angenommen, daß bei Kurzschlußeintritt alle Abnehmer sofort abgeschaltet wurden, so daß zu dem eigentlichen Kurzschlußpfad keine Nebenwiderstände weiter bestanden und infolgedessen die gesamten Maschinenströme sich ungemindert in die Fehlerstelle K_1 ergießen konnten.

In Wirklichkeit wird jedoch ein Teil der Maschinenströme von den Abnehmern auch während der Kurzschlußdauer bezogen. Dadurch werden die Kurzschlußbedingungen im Kurzschlußpfad günstiger. Weitere Ausführungen hierüber siehe auf Seite 135.

In Abb. 121 sind die Vorbelastungen mit den Widerständen x_{B_I}, $x_{B_{II}}$ und $x_{B_{III}}$ angedeutet. Da im Kraftwerk I die Sammelschienenspannung bei dem gegebenen Kurzschluß K_1 bis auf etwa Null Volt zusammenbricht, so kann dort die Stromabnahme durch die gesunden Netzteile vernachlässigt werden. Anders liegen die Verhältnisse in den Kraftwerken II und III. Hier bricht die Netzspannung während der Kurzschlußzeit nur um etwa die Hälfte zusammen. Die Abnehmer $x_{B_{II}}$ und $x_{B_{III}}$ erhalten dadurch weiter Strom. Diesem Umstand trägt man Rechnung, indem die Vorbelastungswiderstände bei der Berechnung der Kurzschlußströme mitberücksichtigt werden. Durchgerechnete Beispiele siehe im Schrifttum[1]).

Bei einem Kurzschluß im gleichen Kabel, jedoch in der Nähe des Kraftwerkes II können die Kraftwerke II und III leicht ins Pendeln kommen, da dann die synchronisierenden Kräfte der Maschinen infolge der stark abgesunkenen Netzspannung sehr schwach sind. In solchen Fällen arbeiten die Maschinengruppen zuweilen aufeinander und liefern dabei in das kranke Kabel keinen Strom. Dadurch können Falschauslösungen der Schutzrelais zustande kommen.

4. Schlußbemerkungen.

Abschließend sei noch auf einen Umstand hingewiesen, der in der Praxis nicht immer genügend berücksichtigt wird. Es handelt sich um die Kurzschlußströme in Abzweigleitungen[2]), die in ihrer Wirkung vielfach unterschätzt werden. Zwar ist es richtig, daß die absolute Höhe der Kurzschlußströme an den Klemmen der Generatoren oder in ihrer Nähe, z. B. an den Sammelschienen, am größten ist und sich mit wachsender Entfernung der Kurzschlußstelle von der Stromquelle infolge Vergrößerung der Widerstände der Kurzschlußbahnen verringert; jedoch hängt die Beanspruchung der Anlageteile nicht allein von der absoluten Höhe des Kurzschlußstromes ab, sondern oft in viel stärkerem Maße vom Verhältnis ihres Nennstromes zum Kurzschlußstrom. In vermaschten Netzen oder in Netzen mit Mehrfach-Parallelleitungen können z. B. Abzweigleitungen mit den zugehörigen Stromwandlern und Primärrelais für kleine Nennstromstärken auch bei entfernt liegenden Kurzschlüssen mit weit mehr als dem 100fachen Nennstrom beansprucht werden. In solchen Netzgebilden, insbesondere in Kabelnetzen, nimmt nämlich die Kurzschlußstromstärke ihrem absoluten Werte nach mit wachsender Entfernung von der Stromquelle bedeutend langsamer ab als man dies in Stichleitungen von Freileitungsnetzen gewohnt ist. Die Zerstörungen (vollständiges Verbrennen) der Leitungen, Stromwandler, Primärrelais usw. vermeidet man in solchen Fällen zweckmäßig durch Einbau von Kurzschluß-Drosselspulen oder durch Unterteilung der vorgelagerten Sammelschienen bzw. durch zweckmäßige Auflockerung der Netzvermaschung. Die thermische Gefahr kann überdies durch kurze Abschaltzeiten noch weiter gemildert werden.

[1]) H. Grünewald, ETZ 1935, S. 33; A. v. Timascheff, ETZ 1936, S. 1083; H. Titze, Elektr.-Wirtsch. 1933, S. 280.

[2]) Hauptsächlich in Abzweigleitungen, die weit entfernt von der Stromquelle liegen.

Anhang.

Kurventafeln zur Bestimmung des Erdschlußstromes[1]) von Freileitungen und Kabeln[2]).

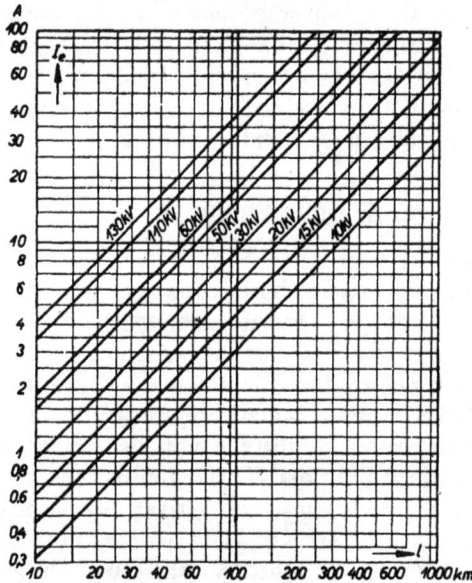

Abb. 122. Erdschlußstrom von Einfach-Drehstromleitungen mit Erdseil bei 50 Hz in Abhängigkeit von der Leitungslänge bei verschiedenen Betriebsspannungen. Die Erdschlußströme stellen angenäherte Mittelwerte dar und gelten nur als Richtwerte für den praktischen Gebrauch. Bei Freileitungen ohne Erdseil sind die Erdschlußströme bei sonst gleichen Bedingungen um etwa 20 % geringer. Für die genaue Berechnung der Erdschlußströme sind außer der Angabe der Betriebsspannung und der Leitungslänge noch Unterlagen über Leiterabstand. Seilradius, Leiterhöhe, Mastform sowie Anzahl und Anordnung der Erdseile erforderlich.

---

[1]) Der Erdschlußstrom, womit hier der Strom im Erdschlußpunkt gemeint ist, wird in der Praxis gewöhnlich aus der Leitungslänge und der verketteten Betriebsspannung unter Zugrundelegung eines bestimmten Faktors errechnet. Zur überschlägigen Ermittlung des Erdschlußstromes eines Netzes bedient man sich leicht der von Petersen angegebenen empirischen Formel

$$I_e = \frac{U_n}{10\,000} \cdot \frac{l}{100} \cdot c, \quad \ldots \ldots \ldots \ldots \quad (64)$$

die einen brauchbaren Mittelwert für 100 km Leitungslänge, bezogen auf 10 kV und 50 Hz in A gibt. Es bedeuten in ihr:

l Leitungslänge in km,
U_n Dreiecksspannung des Netzes in V,
c mittlerer Faktor für Freileitungen mit Erdseil 3,
für Freileitungen ohne Erdseil 2,5,
für normale Kabel . . . . 50...100.

Die Formel (64) sowie die drei Kurventafeln setzen einen satten Erdschluß voraus, d. h. die Sternpunkterdspannung ist gleich der vollen negativen Sternspannung.

[2]) Ausführlicher s. in M. Walter, Selektivschutzeinrichtungen für Hochspannungsanlagen. R. Oldenbourg, München 1929, S. 116...126.

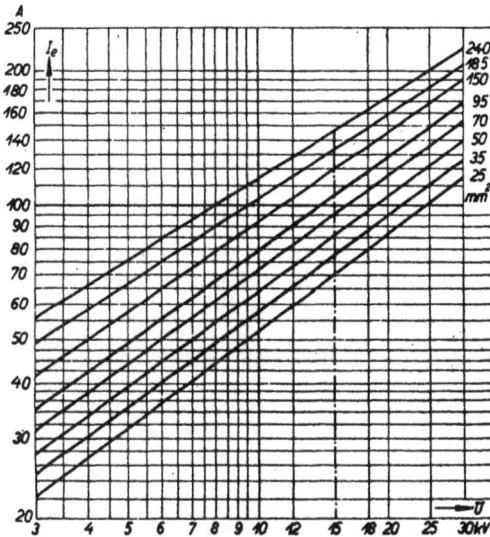

Abb. 123. Erdschlußstrom von normalen Drehstromkabeln (mit Gürtelisolation) bei 50 Hz, bezogen auf 100 km, in Abhängigkeit von der Betriebsspannung bei verschiedenen Leiterquerschnitten. Bei Sektorkabeln, die normalerweise nur bis 10 kV hergestellt werden, liegen die Erdschlußströme bei gleicher Betriebsspannung um etwa 20...40 % höher.

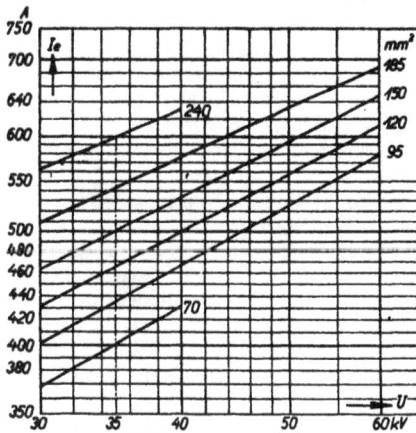

Abb. 124. Erdschlußstrom von Drehstromkabeln in H-Ausführung bei 50 Hz, bezogen auf 100 km, als Funktion der Betriebsspannung.

Weitere Ausführungen bezüglich des Erdschlußstromes s. in dem in Fußnote[1]) auf Seite 30 angegebenen Schrifttum.

Literaturverzeichnis.

I. Bücher.

Biermanns J., Überströme in Hochspannungsanlagen. J. Springer, Berlin 1926.

Fallou J., Courants de court-circuit. Paris 1933.

Kesselring F., Selektivschutz. J. Springer, Berlin 1930.

Rüdenberg R., Kurzschlußströme beim Betrieb von Großkraftwerken. J. Springer, Berlin 1925.

Schleicher M., Die moderne Selektivschutztechnik und die Methoden zur Fehler-ortung in Hochspannungsanlagen. J. Springer, Berlin 1936.

Walter M., Selektivschutzeinrichtungen für Hochspannungsanlagen. R. Oldenbourg, München 1929.

Walter M., Der Selektivschutz nach dem Widerstandsprinzip. R. Oldenbourg, München 1933.

Walter M., Strom- und Spannungswandler. R. Oldenbourg, München 1937.

Waltjen J., Entwurf und Bau von Schaltanlagen für Drehstrom-Kraftwerke. J. Springer, Berlin 1929.

II. Zeitschriftenaufsätze.

Grünewald H., Die Berechnung dreipoliger Dauerkurzschlüsse in verbundge-speisten Netzen bei Berücksichtigung der Vorbelastungen. ETZ 1935, S. 33.

Hameister G., Anstieg der wiederkehrenden Spannung nach Kurzschlußabschal-tungen im Netz, ETZ 1936, S. 1025.

Hameister G., Die Berechnung des Kurzschlußstromes in Hochspannungsnetzen. ETZ 1935, S. 669.

Jacottet P., Ollendorff F., Praktische Berechnungsmethoden für den Stoß-kurzschlußstrom von Drehfeldmaschinen. ETZ 1930, S. 926.

Jacottet P., Dämpfung und Wärmewirkung des Stoßstromes bei einfach ge-speistem Netzkurzschluß. Archiv für Elektr. 1932, S. 679.

Langrehr H., Rechnungsgrößen für Hochspannungsanlagen. AEG-Mitt. 1927, S. 432.

Mayr O., Einphasiger Erdschluß und Doppelschluß in vermaschten Leitungs-netzen. Archiv f. Elektr. 1926, Heft 2.

Ollendorff F., Praktische Methode zur Berechnung des Dauerkurzschlußstromes einfach gespeister Netze. ETZ 1930, S. 194, 238 und 269.

Ollendorff F., Praktische Berechnung von Kurzschlußströmen in mehrfach ge-speisten Netzen. ETZ 1931, S. 1487, 1523 und 1573.

Reiche W., Über die Kurzschlußfestigkeit von Stromwandlern. ETZ 1928, S. 1772.

Reiß W., Berechnung von Kurzschlußströmen in Drehstromanlagen, Elektrizität im Bergbau 1937, S. 33.

Timascheff v. A., Zur Berechnung der Dauerkurzschlußströme in vorbelasteten einfach und mehrfach gespeisten Netzen. ETZ 1936, S. 1083.

Titze H., Dissertation T.H. Berlin 1935, Erdschluß- und Doppelerdschluß-Strom-verteilung in elektrischen Netzen und ihr Einfluß auf den Erdschlußschutz. Auszug ETZ 1936, S. 1031.

Titze H., Kurzschlußberechnungen mit Berücksichtigung der dem Kurzschluß vorangegangenen Belastung. Elektr.-Wirtsch. 1933, S. 280.

Walter M., Über die dynamische Kurzschlußfestigkeit der Stromwandler, ETZ 1936, S. 1172.

Walter M., Trockenisolierte Stromwandler der AEG. und ihre Kurzschlußfestig-keit, AEG.-Mitt. 1934, S. 386.

Weihe F., Der Siemens-Schuckert-Kurzschlußrechenschieber. Siemens-Zt. 1934, S. 360.

Sachverzeichnis.